做人不能
"太老实"

李 昊/编著

线装书局

图书在版编目（CIP）数据

做人不能"太老实" / 李昊编著 . — 北京：线装书局，2004. 2
ISBN 978-7-80106-346-5

Ⅰ . ①做… Ⅱ . ①李… Ⅲ . ①人生哲学 — 通俗读物
Ⅳ . ① B821-49

中国版本图书馆 CIP 数据核字（2004）第 011828 号

做人不能"太老实"

著　　者	李昊
责任编辑	王长林　唐莹
监　　印	李国利
出版发行	线装书局
社　　址	北京朝阳区春秀路太平庄 10 号
邮　　编	100027
电话传真	64153263
经　　销	新华书店
印　　刷	天津冠豪恒胜业印刷有限公司
开　　本	1/16（710mm×1000mm）
字　　数	230 千字　　　印　张　17
版　　次	2011 年 2 月第 2 版　　2019 年 3 月第 2 次印刷
印　　数	1-5000 册
书　　号	ISBN 978-7-80106-346-5
定　　价	48.00 元

前　言
PREFACE

　　时间在推移，世界在变化。这种变化是那么强烈、那么迅速，反映在世界的多个角落、各个方面。有不少人与时俱进，适应时代的变化，生活得顺心如意。

　　但是，有另一些人，也就是所谓的老实人，面对这一切，就不知所指了，一脸的困惑，正如有一句话说得："不是我不明白，是这个世界变化太快。"时间仅仅过了三四十年，老实人经历了大起大落的沧桑：在八九十年代，老实人是"红人"，交朋友时，人们喜欢老实人，姑娘找女婿专挑老实人，公司招人注重人的老实忠厚，老实成了为人的"金字招牌"。但如今，老实却越来越不受欢迎了，老实成了呆板、软弱、不自信、没有魅力、迂腐、不会变通、不求进取等的同义语，压得老实人们抬不起头来，喘不过气来。的确，老实人太老实，总使自己陷入困苦的境地。老实人不会主动去与别人交往，导致自己的朋友圈子小，圈子小了，就等于没门路，办起事来就难了。老实人烦恼多，他们害怕自己有缺点，总怕别人笑话，过于看重面子，"死要面子活受罪"，做什么都怕出错，

1

丢了自己的面子。老实人天生有自卑的情节，他们过于看重自己的缺点，进而贬低自己，抬高别人。老实人爱发牢骚，抱怨自己命不好，抱怨自己没有机会，他们的一生就在抱怨中度过了。老实人大多过着穷日子，因为他们致富的观念跟不上时代的脚步，又被沉重的道德观念束缚，放不开手脚。在这个充满个性的时代，老实人就陷入了爱情的困境，不管男人女人都不想对方是一个老实巴交的人，因为老实巴交意味着没有魅力、个性、吸引力，容易让以后的生活陷入平平庸庸、毫无激情和生气的境地，所以老实人成了被爱情遗忘的角落。老实人胆小，总是犹豫不决，错过了成功的机会，容易为生活中一些小事所累，没有胆量去创新，总是墨守成规，消极地等待，很难成功。老实人经常吃亏，他们不懂如何保护自己，他们不去争利更不会去抢利，生存手段匮乏让老实人难于在瞬息万变的竞争中立足。可以肯定地说老实人不坏，因为他们很少耍阴谋诡计去害人，但他们又说不上优秀，成功、卓越又远离他们。

　　老实人是一个特殊的人群，他们有着众多的缺陷，但具备特有的优点，他们保持下来的或许正是我们所不应该丢掉的光闪闪的金子。我们不认为老实人一无是处，我们也不是在责骂老实人，更不是一棒子将其打死，我们的初衷是，让老实人走出困境，克服缺点，最大限度地发挥优点，让弱势的人群过得更好。让每个人都明白老实人的困境，做人不能太老实。本书从老实人的各个方面：交际、心态、财富、爱情、事业、说话、办事、做人、竞争中去分析老实人，解读老实人，帮助老实人，其中从人性方面，从现实角度，深刻而客观地分析了老实人的优点和缺点，并为老实人提供了有效可行的方法和技巧。相信会对每个老实人有所帮助。

目 录
CONTENTS

目 录
CONTENTS

第一章 "圈子"太小处世难——老实人的交际

　　老实人这一辈子，老实巴交，小心谨慎过日子，奉公守法，兢兢业业，信奉"万事不求人"。除了老婆孩子，其他社会关系可谓是"凤毛麟角"。他们喜欢直来直去，不习惯于客套，不屑于吃喝应酬，不屑于拍马溜须巴结人，爱做什么就做什么，不爱做什么偏不做什么。

老实人怕交际

其实，每个人都希望自己得到公众的尊重和喜欢，也包括老实人在内，但是这种自尊的需要仅仅是自己本人的一种希冀，能否在事实上得到，则取决于公众对自己言语、举止、行动的评价和肯定。

老实人总是不能大大方方地出现在社交场合，他们在众人面前或陌生人面前显得腼腆、忸怩，缺乏自信，很不自然，他们在大多数人心目中属于"见不得世面"和"成不了大事"的那类人。

老实人的社交恐惧症一般始于青少年，主要表现为害怕被人审视，在被观察时或有可能受到评论的处境中产生不适当的焦虑。有的老实人当目光直接与别人对视时就会特别紧张，会有脸红、手抖的表现。于是，老实人就特别回避社会交际。有时无法回避，即使处在社交场合时，老实人也不能完全参与，他们避免交谈，或坐在不引人注目的地方。社交恐怖症常伴有自我评价较低和害怕批评的情况。在极端情况下，可引起老实人与社会隔离开来。

诚然，从一定意义上讲，生来什么都不怕的人几乎是很少见的。每个人的情况不同，都会有自己惧怕的东西，如有人怕蛇，有人怕狗等，但是在社交中如果"见人便脸红，启齿更慌恐"，那便达到了更严重的程度，是一种病态。无疑，社交中的恐惧心理，对于正常的交往是一种心理障碍。

那么，社交中的恐惧心理是怎么来的呢？是天上掉下来的，还是老实人自身所固有的？应当说，这种恐惧心理主要是主客观两方面共同作用的结果。

客观方面。由于中国几千年的封建文化传统，自给自足的小农经济所产生的"小农意识"，过着"日出而作，日落而息"的生活，于是"各人自扫门前雪，莫管他人瓦上霜"，"鸡犬之声相闻，老死不相往来"。长期的历史积淀，在人们的心理上形成了一种惰性，在行动上失去了机会，缩小了自己的社交圈。结果，清高者有之，谨小慎微者有之，夜郎自大者有之。如此一来，越不交往，便越没有交往，形成了一种"越怕……就越不敢……"的格局。老实人就是在这种失去常态的思想、观念和心理支配下，害怕这害怕那，平白无故的自寻烦恼！社会心理学研究表明，社会环境愈是文明、开放，老实人的生存空间就越狭小。

其次，是社交活动进行者主观方面的原因。这里主要有三个"病因"，都体现为为什么怕和怕什么的问题。

一、老实人过分自尊的心理所致

世界著名心理学家马斯洛的自我实现心理学，提出了人的自尊需要。如果说将自尊的需要作为一种动机去指导自己的行为，这本没有理论上的错误。问题是这种自尊心理不能过分。老实人在社交中过分自尊心理占据指导和支配地位，他就会怕自己的行为是否得当，怕人们会怎么看待自己，甚至有时会因为过分自尊心理之故，而不愿与比自己强的人交往，担心相比之下，会掉自己的"价"，失去尊严。如此思来想去，怕这怕那，时间一长，凡事还没做，便失去了"勇气"，被沉重的顾虑担忧所左右，这样恐惧心理也就不请自到了。

二、老实人的自卑情绪所致

自卑是老实人对自己虚设的一种自我否定，也就是说"自己瞧不起自己"，缺乏自信和自强。这种心理一般表现为害怕失败，或者说不能正确对待失败。日本的学者研究认为有自卑感的人，一般属于下列十种类型之一，或是合乎其中两种以上：

1. 为了追求超过限度的愿望而心焦气躁；

2. 由于企求赞赏的愿望太急切，不时形之于言表。如未如愿，则反过来责备别人；

3. 产生自己是十全十美的错觉，因而自以为能够使出本身产生不了的力量；

4. 企盼做出超出能力的事，由于达成无望，因而经常消极地嘲笑自己；

5. 曾经在竞争中输给过别人，却一直难以忘怀；

6. 被别人的成功所压倒，叹息"鸿运"没有降临到自己头上；

7. 没有自己的测量尺度，总是以别人的尺度测量自己；

8. 逢人便说："我的工作条件不好怎能成功？"借此逃避自己的责任；

9. 经常担心自己被别人看穿了，因此与人接触总是戒意在先；

10. 不敢面对缺乏能力的自己——刻意逃避自己。事实证明，有自卑感的人，总是畏畏缩缩，社交时自然"不战自败"。

三、老实人受羞怯心理的影响

老实人常常担心自己被别人否定，他们总是把别人看作是自己的法官，这样一来，跟其他人在一起就会感到羞怯，畏首畏尾老不自在。特别是和名人或比自己水平高的人交往，这种"不自在"好比芒刺在背，恐惧自然就成了主要的心理状态。

此外，恐惧有时也是由愚昧无知所致。一位西方心理学家指出："愚昧是产生惧怕的源泉，知识是医治惧怕的良药。"例如他人正在谈论一个话题，一个根本不知晓此类问题的人若在这种社交场合下，定会产生恐惧心理。因为，他若是不介入谈论，就会明白地告诉他人自己是无知于此道，若是介入谈论，便会由于无知而"出丑"，所以这种进退维谷的局面，无知者不可能不惧怕三分。

那么，老实人应怎样克服在社交中的恐惧心理呢？

首先，老实人要正视具体的恐怖对象及其威胁。社交恐怖症许多是意外的、强烈的刺激所留下的心理后遗症，亦即人们常说的"一朝被蛇咬，十年怕井绳"，其实困于这种心理完全是作茧自缚。老实人应该知道．在正常的社交活动中，人们是不会嘲笑、讥讽、冷落你的。过去你碰到过这种厄运，甚至有可能将来还会遇到，但那是没有涵养的人的无知、浅薄的行为，你不应如此在意，更没有必要还用它折磨自己。你应主动地和他人接触，当然首先是自己最信赖的朋友，在其陪伴和鼓励下，一步一步地向陌生人、陌生的环境迈进。

其次，老实人要善于表现自己的优势。如果你想克服怕生的毛病，那你得正确认识自己。有自卑感的老实人，应该记住，你并不是个一无是处的人，你也有自己的优势。你应扬长避短，尽量在你能表现的方面、场合多露面。这样的经历多了，你就会在别人的眼光中找到自己的价值，增强你的自信心，在生人面前才会逐渐表现得自如起来。

第三，老实人应该丢掉那张虚伪的面子。山外有山，天外有天，在交往中我们肯定会遇到比自己强的人。这是常事，是"上帝的旨意"，没什么好自卑的。如果你正确地对待强者，你便会从中学到许多优点。只有自然坦荡地交往，才能使大家相互取长补短，逐步完善自己。

老实人不敢和陌生人说话

老实人往往害怕陌生人，例如：在聚会上他们想不到有什么风趣或是言之有物的话可说的时候；在求职面试中他们拼命想给人好印象的时候……事实上，无论何时何地，他们遇上陌生的人，心里都会七上八下，不知该怎样打开话匣子。

然而，老实人应该知道，懂得怎样毫无拘束地与人结识，能使我们扩大朋友的圈子，使生活丰富起来。

多年来，美国著名记者阿迪斯以记者身份往返世界各地，他和陌生人的谈话有许多是毕生难忘的。他说："这就好像你不停地打开一些礼物盒，事前却完全不知道里面有什么。老实说，陌生人引人入胜之处，就在于我们对他们一无所知。"

阿迪斯举例说，新奥尔良那个修女，她看起来温文尔雅，不问世事。但是阿迪斯不久便发现她的工作原来是协助粗野的年轻释囚重新做人。他还在加拿大一列火车上遇到一位一本正经的老妇，她说她正前往北极圈内的一个村庄，因为她听人说在那里她会见到北极熊在街上走！

阿迪斯说："跟我谈过话的陌生人，几乎每一个都使我获益匪浅。"在公园里遇到的一个园丁告诉阿迪斯关于植物生长的知识比他从任何地方学到的都多。埃及帝王谷一个计程汽车司机请阿迪斯到他没铺地板的家里吃茶，让他认识到一种与自己迥然不同的生活方式。在挪威奥斯陆，一个二次世界大战时曾经参加秘密抵抗组织的战士带阿迪斯到海边一个风吹草动的荒凉高原，他告诉阿迪斯说，就在那个地方，纳粹为了报复抵抗组织的袭击而把人质处决了。

我们过去从来没有见过的人，甚至能帮助我们认识自己。因为我们可能对一个陌生人说出我们时常想说但又不敢向亲友开口的心里话，他们因此便成了我们认识自己的一面新镜子。

如果运气好，和陌生人的偶遇还会发展成为终生不渝的友谊。阿迪斯说："世界上没有陌生人，只有还未认识的朋友。"

那么，身为老实人的你下次遇到陌生人时，怎样才能好好利用这一刻呢？

一、老实人要先了解对方

美国总统罗斯福是一个交际能手。早年还没有被选为总统时，在一次宴会上，他看见席间坐着许多不认识的人。如何使这些陌生人都成为自己的朋友呢？罗斯福找到自己熟悉的记者，从他那里把自己想认识的人的姓名、情况打听清楚，然后主动叫出他们的名字，谈一些他们感兴趣的事。此举大获成功。这些人很快成了罗斯福竞选时的有力支持者。

二、老实人要学会选择适宜的话题

如果觉得"实在没有什么好说"，可以考虑以下话题：

1．坦白说明你的感受。例如你可能在晚餐会上对自己嘀咕："我太害羞，与这种聚会格格不入。或是刚好相反，你认为许多人讨厌这种聚会，但是我很喜欢。"

不管你怎么想，你要把你的感受向第一个似乎愿意洗耳恭听的人说出来。这个人可能就是你的知音。无论如何，坦白说出"我很害羞"或"我在这里一个人也不认识"，总比让自己显得拘谨冷漠好得多。

最健谈的人就是勇于坦白的人。这还有一个好处，如果你能坦诚相见，对方也会无拘束地向你吐露心声。

一次，阿迪斯跟写过一本好书的心理学家谈话。阿迪斯通常对这类的访问都能应付自如，而且会从中得到很大裨益，所以当他发觉自己结结巴巴，不知怎样开口时，简直大吃一惊。最后阿迪斯说："不知为什么我对你有点害怕。"那位心理学家对阿迪斯这个说法非常有兴趣，随即大家就自然谈起来了。

2．谈谈周围的环境。如果你十分好奇，你自然会找到谈话题目。有一次一个陌生人审视周围，然后打破沉默，开口说："在鸡尾酒会上可以看到人生百态！"这就是一句很有趣的开场白。

阿斯有一次坐火车，身边坐了一位沉默寡言的女士，一连几个小时他千方百计引她说话都未成功。等到还有半个小时就要分手时，他们经过一个小海湾，大家都看到远处岬角上一座独立无依的房屋。她凝视着房子，一直到看不到它为止。然后她突然说道："我小时候就生活在像这种杳无人迹的地方，住在一座灯塔里。"跟着她讲述了那种生活的荒凉与美丽。

3. 以对方为话题。有一次，阿迪斯听见一位太太对一个陌生的女士说："你长得真好看。"也许，我们大多数人都没有说这种话的勇气，不过我们可以说："我远远就看见你进来，我想……"或是："你正在看的那本书正是我最喜欢的。"

4，提出问题。许多难忘的谈话都是从一个问题开始的。阿迪斯常常问别人："你每天的工作情况怎样？"通常人们都会热心回答。

一定要避免令人扫兴的话题。可能没有人愿意听你高谈阔论诸如狗、孩子、食物和菜谱、自己的健康、高尔夫球，以及家庭纠纷之类的事。所以，在谈话中最好不要谈及这些问题。

丘吉尔就认为有关孩子的话题是不宜老挂在嘴边的。有一次，一位大使对他说："温斯敦·丘吉尔爵士，你知道吗，我还一次都没跟您说起我的孙子呢。"丘吉尔拍了拍他的肩膀说："我知道，亲爱的伙伴，为此我实在是非常感谢！"

三、老实人要学会引导别人进入交谈

在交谈中，除了吸引对方的兴趣之外，还必须学会引导对方加入交谈。

一些老实人在约会的时候，老是不能保证交谈生动活泼。其实，这本来是一个非常易于掌握的技巧，只要问一些需要回答的话，谈话就能持续下去。但是，如果你只问："天气挺好的，是吧？"对方用一句话就可以回答了："是啊，天气真不错！"这样，谈话也就进行不下去了。

如果你想让你的谈话对象开口畅谈，不妨用下列问句来引导："为什么会……？""你认为怎样不能……？""按你的想法，应该是……？""你如何解释……？""你能不能举个例子？"总之，"如何"、"什么"、"为什么"是提问的三件法宝。

四、老实人说话要简洁而有条理

不懂节制是最恶劣的语言习惯之一。

无论是和一位朋友交谈，还是在数千人的场合演讲，最重要的就是"说话扼要切题"。

担任企业行政主管的人几乎都认为：在商业场合里，最让人头痛的就是讲话没有条理。不知有多少人的时光都因此浪费在那些信口开河、多余无聊的车轱辘话中去了。

如果你说话的目的是要告诉别人一件事，那就直截了当地说出来，不必扯得过远。

五、老实人说话要避免过多的"我"

人们在口头最常用的字之一就是"我"。这些人应该学学苏格拉底不说"我想……"而说"你看呢？"曾有这么一个笑话：在一个园艺俱乐部的聚会中，有位先生在3分钟的讲话时间里用了36个"我"。不是说"我……"，就是说"我的……"，"我的花园……"，"我的篱笆……"。结果，他的一位熟人忍不住走过去对他说："真遗憾，你失去了妻子。""失去了妻子？"他吃了一惊。"没有，她好好的啊！""是吗？那么难道她和你谈到的花园一点关系都没有吗？"

我们需要陌生人的刺激——我们不同、暂时是个谜的人。此外，和陌生人见面还会多少对你有所影响。在最好的情况下，那是彼此心灵相通，意气相投，一次邂逅成为你以后生命的一部分。

老实人都想说别人期待他们说的话，而且觉得自己与别人不同就担心。其实，正因为有了这种不同，人生才能成为大戏台。如果我们彼此坦诚相对，不为别的而只为互相了解，那么我们就能谈得投机，相见欢愉。

老实人害怕当众出丑

人们都想使自己聪明，都怕在众人面前出丑。这似乎是决然对立的两件事，聪明人绝不会出丑，出丑的人必然是笨蛋。然而，实际生活并非如此。最聪明的人有时简直就像一个大傻瓜，他们当众出丑，却若无其事，他们被人嗤笑却会不以为然。然而，他们就这样聪明起来。老实的王明读书时网球打得不好，所以老是害怕打输，不敢与人对垒，至今他的网球技术仍然很糟糕。而小马的网球打得很差，但他不怕被人打下场，越是输越打，后来成了令人羡慕的网球手，成了大学网球队队员。

聪明是令人羡慕的，出丑总使人感到难堪。但是聪明是无数次出丑中练就的。老实人不敢出丑，就不会聪明。

值得赞赏的是那些勇敢地去干他们想干的事的人们，即使有时在众人面前出了丑，他们还是洒脱地说："哦，这没什么！"就是这么一类人，他们还没学会反手球和正手球，就勇敢地走上网球场；他们还没学会基本舞步，就走下舞池寻找舞伴；他们甚至没有学会屈膝或控制滑板，就站上了滑道。这一点很值得老实人学习。

再看看伊米莉，她只会说一点点可怜的法语，却毅然飞往法国去做一次生意旅行。虽然人们曾告诫她：巴黎人对不会讲法语的人是很看不起的，但她坚持在展览馆、在咖啡店、在爱丽舍宫用法语与每个人交谈。她不怕结结巴巴、不怕语塞傻笑出丑吗？一点也不。因为伊米莉发现，当法国人对她使用的虚拟语气大为震惊之状过去后，许多人都热情地向她伸出手来，为她的"生活之乐"所感染，从她对生活的努力态度中得到极大的乐趣。他们为伊米莉喝彩，为所有有勇气干一切事情而不怕出丑的人欢呼。这类人还包括那些学习对他们来说并不容易学习新东西的人。

生活中老实人由于不愿成为初学者，就总是拒绝学习新东西。他们因为害怕"出丑"，宁愿错过自己的机会，限制自己的乐趣，禁锢己的生活。

的确，若要改变一下自己的生活位置，我们总要冒出丑的风险。除非你决心在一个地方、一个水平上"钉死"了。老实人不要担心出丑，否则你就会没有什么出息，而且更重要的是你同样不会心绪平静、生活舒畅。你会受到困于静止的生活而又时时渴望变化的愿望的痛苦煎熬。老实人也许应该记住这一点，由于我们害怕出丑，也许会失去许多生活机会而长久感到后悔，而且我们也应该记住法国一句成语："一个从不出丑的人并不是一个他自己想象的聪明人。"大愚若智，积愚成智，生活的哲学就是这样。

老实人常封闭自己

在人际交往中，开放区域比较大的人，往往易受到欢迎，易与他人相处。老实人总是把自己封闭在秘密区域之中，不愿向他人吐露半点想法，他们就很难与别人进行交往。

在生活中与人相处时，尽量扩大开放区域，缩小秘密区域，可以减少人际关系的隔阂。你若不主动地向对方进行有效的——"自我暴露"，对方又怎么会告诉你他的情况呢？人与人的交往是平等的，双方必须以相互信任为基础。对自己的情况"滴水不漏"，无疑是向对方作出不信任的表示。

"自我暴露"是扩大开放区域，搞好人际沟通，促使人际交往的一种重要方法。"自我暴露"有两种，一种是自觉的"自我暴露"。比如向交往的对象主动介绍自己的姓名、职业、家庭、身世、经历，为的是让对方更多地了解自己。这种自觉水平的"暴露"有口头谈话形式和书面报告形式。前者随便一些，宜用于朋友、同事之间的交往，后一种则比较正规和严肃，常表现在上下级的交往中。所谓不自觉的"自我暴露"是一种无意识的暴露，如酒后失言，下意识的动作、表情，以至服装穿着、环境布置等等。别人可以通过这些细小的方面来了解一个人，知晓他的人生观、情操、兴趣爱好等。当然，要向对方表示诚意和信任，应比较注意自觉水平的"自我暴露"。

"自我暴露"不是不讲内容，不分地点场合，不分对象地乱说一气。"自我暴露"的内容是有选择的。老实人应该在生活中要创造一种良好的人际环境，应当学会怎样来开放自我，暴露自我。原一平作为最成功的推销员，就是因为他在顾客面前，永远都是坦诚的，从来不掩饰自己，他的自我暴露使他能够引导顾客进行思想交流，彼此成为朋友。

老实人应该开放自我，与人坦诚相待，自然就会得到别人的信任，也就能够把自己推销给社会。

老实人不会主动争取人际关系

人际关系是靠自己积极争取，才能建立起来的。老实人需要积极主动，不能被动等待。

人际关系必须非常积极地努力去拓展，你只有非常努力地进行才能有所收获。

如果你对自己很有信心的话，就必须掌握每一个与别人相识或见面的机会。

老实人只是一味地等待，是不会建立良好人际关系的，他们必须一步步积极地进行才行。

有一些国会议员或地方议员，为了争取选票，在小酌一番后，鞭策自己到选举区域中到处走走，和每一个人谈谈聊聊或讲讲：工作上的困难及结婚后的优点等，在那一个区域中的支持者就很自然地增加了，而获得更多选票。

很多事情，都必须像参加竞选议员一样的努力。我们一定要在每天与别人相识、拓展人缘层面中，使得人际关系日益繁盛，并且找到和自己层次相同的人。

对于人际关系，我们不能不注意层次的问题。

甚至，我们非得强迫自己十分努力地去做才行。这也就是“人际关系不能被动等待”，必须“从自己努力做起”的原因。了解了这个道理，请老实人立即行动，积极地去拓展你自己的人际关系。

大卫在一家广告公司做事，他很会发展人际关系，不久便发展了最大的两家客户，同时，他的年薪也涨到两万五千美元。由于公司具有十足的发展潜力，因此他的前途也很光明。

但是，他仍然希望能拥有一家自己的公司，他认为“打铁须趁热”，再不开始施展抱负，可能要错失许多良机！于是，就在二十七岁那年，他辞去了令人羡慕的要职，而投身于自己的事业。此时，他过去的一些交际关系便能派上用场了。

通常来说，广告业比其他行业更重视个人交际，甚至可以说广告业就是建立在人际关系上，需靠交际才能得以维持。一家广告代理公司建立之初，最重要的课题就是如何才能获得顾客，此时，公司职员们过去的个人交际便能产生极大作用。

大卫曾经是许多公司的赞助者，信誉卓著，各方面关系都不错。所以，他的公司一开业，便有厂商指名要他代理，这使他的公司业绩蒸蒸日上。

五年后，他的公司已雇有三十名职员，全美各地都有他们的客户，其中足以维持公司的大客户就有十五家之多。他本身所具备的专业知识及其交际能力皆是他成功的重要保障。

大卫就这样利用人际关系"赢取"着成功，但他是否从此就满足而不再前进了呢？

当然不是。据说，他后来又创办了一家"一年一元俱乐部"。该俱乐部是同业友人聚会的场所。凡是会员，业务上有任何疑问或困难，都可在俱乐部公开提出讨论或在会员间彼此交换意见。俱乐部可以算是"脑力激荡中心"。俱乐部的会员中，有一流的出版业者、广播业者、广告业者等等，几乎都是社会上的精英分子。通过这种形式，他的人际关系又得到了发展。

大卫本身在即将进行某一新企划时，也会到俱乐部寻求各方面专家们的意见，他对于在那儿讨论出的结论极有信心与把握。

他工作上所需要的交际多半都在白天进行，但有时候夜晚也在做。他不仅常把工作带回家，也常请俱乐部的朋友到家里来。关于这一点他曾经说：

"水龙头扭紧，自来水就无法流出。同样的道理，工作与社会生活和家庭生活也是分不开的。此三者若能加以协调，生活才是真正的生活。"

现在，他的朋友仍在不断增加，交际范围也随之不断扩大。相信将来他还会从周围的人群中获得意想不到的成功契机。

老实人应该学大卫，应该积极拓展人际关系，想方设法为自己创造与人交往的机会，只要你想多交朋友，你就一定会有很多的朋友。有了朋友，你就能够推销自己，就能够实现你心中的梦想。

人太老实门路少

陈师傅这一辈子，老实巴交，小心谨慎过日子，奉公守法，兢兢业业，从来就信奉"万事不求人"的原则，也没有什么事值得去求人。除了老婆孩子，其他社会关系一个也没有。

陈师傅的儿子跟人吵架，一气之下动了手脚，把人打得头破血流，闯下了大祸，被关进了临时拘留所，等待着他的将是法律的制裁。

陈师傅就这么一个儿子，视同心肝宝贝，见儿子蹲了班房，又气又急，直拿脑袋撞墙，饭吃不下，觉睡不着，简直感到整个世界都崩塌了。加上老伴儿整天以泪洗面，更使他觉得没了活路。

这时，有人给陈师傅出主意："别这么死心眼儿了。当今社会都是人求人，有关系，什么事都能通融。你这么成天闷在家里也不是办法，为儿子着想，得赶紧出去'活动活动'呀！"

邻居帮他分析情况，说他儿子的事弄不好得判刑，该提早到检察院"活动"。

另一个说，检察院管起诉，最后结果还得看法院如何判，所以该去法院"活动"。

还有的说，判归判，只要关系硬，搞个假释，保外就医什么的还不是很容易。你们是大单位领导有来头，面子大，求他出面作担保，把人保出来也行。

又有人说，市场上有个卖肉的某某，跟公安局某科长是连襟，可以求他高抬贵手，大事化小，小事化了，放人算了。

甚至有人竟然出了这么个主意：牢房的滋味儿可不好受，听说某某的亲戚在看守所当管教，你得赶紧去他家打点打点，到时候省得儿子在里面遭罪……

邻居们七嘴八舌，主意出了一火车，把陈师傅搞得晕头转向。人家都是一片好心，陈师傅不能不听。于是，他横下一条心，豁出一张老脸，就求人这一回吧！与老伴儿商量了一整夜，第二天，从银行取出了自己一辈子的积蓄2万多元钱，开始马不停蹄地奔走，今天跑东家，明天串西家，每天累得东倒西歪地回来。

邻居们给他指的路子，他几乎都跑遍了，甚至街道办事处、居委会也走了不止一趟，逢人便递烟、流泪、送礼、诉说。

总共算起来，陈师傅求人求了十几家，送礼送了一万多，他一天天地"跑"，一天天地等，可儿子就是出不来。一转眼，半个月过去了。

儿子的事情就这样被耽误了。

痛定思痛，陈师傅心中很不是滋味儿，自己老老实实过了一辈子，朋友圈子小得可怜，遇到难事就没了门路，只好临时抱佛脚了。

老实人不会求人

人是有情之灵物，人人都难脱一个"情"字。亲戚之间本就有一种基于血缘或亲缘关系的亲情，维系、培养、发展这种亲情需要我们时时走动联络，进行感情投资。

建立好的亲戚关系是求亲戚办事成功的经验，但好关系的建立不是一朝一夕就能做到的，必须从一点一滴入手，依靠平日的积累。只有不断地构建和巩固，亲戚关系才能牢固。有了"铁"关系垫底，何愁求助无门？只有经常进行感情投资，亲戚常来常往，才会建立"铁"关系。

老实人认为"我一生能求几回人呢？何必花那么多的冤枉心思去搞马拉松式的感情投资？"

老实人往往信奉"万事不求人"的原则，他平时很少留意交朋友。人单势孤正是他们生存状态的写照。一旦有什么难事他们就会孤立无援。

俗话说得好，"平时多烧香，急时有人帮"，"晴天留人情，雨天好借伞"。真正善于求人的人都有长远的战略眼光，早作准备，未雨绸缪，这样在急时就会得到意想不到的帮助。

感情投资不仅要重"事前"，"事后"更得注意。正所谓有始有终情不断，寸心缕缕慰亲情。

老实人在求人中往往会犯这样的毛病：认为对方是亲戚，他们为自己做事，帮忙是理所当然！不需刻意致谢的。

这是十分错误的想法。"礼尚往来"的中国人做人处世的准则。"投桃报李""滴水之恩当以涌泉相报"等等，就体现了我们民族知恩图报的良好品德。

您挤车上班，别人主动让座；您上街购物钱款不足，熟人给您垫上……对这种交际中的回报，无须送礼，也无须宴请，一句感激的话语，一声夸奖的词句，足以表达您的心愿。但注意不要有太多的恭维。肉麻的赞美只会令人不自在。

致谢必须是发自内心的，同时不管对方是陌生人还是亲朋好友，都要有所表示，许多老实人忽视了这一点。事实上不论是一般关系的人还是亲朋好友，都愿意听到感谢的话，虽然他们付出的微不足道，但受惠人一句滚烫贴切的话无疑对他们是一种最好的心理补偿。

对热情相助的人，在物质上给以回报，也是一种不失礼节的方式。物质交际虽然不是人际交往的主要方式，但它毕竟存在于现实生活之中。我们提倡淡化物质交往，不是要取消物质交往，而是要让这种交往多一份真情，少一份铜臭。

有时适量的物质回报是培养良好的人际关系的特殊需要。比如某人曾多次无私地帮助过你，某一天当他生病住院的时候，你拎上礼物去探望，无疑对他是一种莫大的慰藉。总之，物质回报要遵循适度的原则，适量地"往重于来"。但不要出于功利目的借回报之名行贿。

当语言回报不足以表达心意，物质回报又不合时宜时，行为回报则不失为一种得体的回报方式。某单位干部小王幼时父亲不幸去世，是城里的叔叔供他上高中、念大学。近来叔叔体弱多病，小王经常利用空闲时间帮叔叔干家务，还时常利用下乡机会寻医找药。做叔叔的听在耳里、看在眼里、喜在心里。

行为回报虽不像语言回报和物质回报那样悦耳、显眼，但它是无价的。于细微处见真情，好的行动无须用语言证明。当一个具有真才实学的青年求职时历经挫折终被一位贤明的"老板"录用之后，最好的报答不是好言好语，也不是厚礼，而是实干。

一滴汗水能让一筐好话失色，一丝奉献能使一片真情增辉。

希腊一位哲人曾说："感谢是最后会带来利益的德行。"善于求人的经常都备妥感谢之辞，因为它往往成为人与人之间交往的润滑剂，在生意上的来往也因它而顺利进行。

事实上，没有人不喜欢常听到感谢之辞的。因此把"谢谢"二字随时摆在心中，需要时刻派上用场，没有比这个更简单而容易使用的了。所以，对亲戚也别忘了感谢。

老实人容易轻易承诺别人

一般来讲，承诺有两种情况：一种是自觉的承诺，明确地答复人家，应允其请求之事；一种是不自觉的承诺，这就是自己本来并未应允，但在别人看来，你已应允了。

其实，在应酬中轻易承诺很容易造成被动的局面。拿破仑曾说过："我从不轻易承诺，因为承诺会变成不可自拔的错误。"

例如，一个朋友托你办一件事，而这件事在你看来可以办或不可以办，或介乎两者之间，你可应允一定为其办理，这叫自觉承诺。你也可能会说"让我想一想"，这叫不自觉承诺。在人家看来，你也承诺了。

有一个故事说，在一个十字路口上，有一棵枝繁叶茂的大树，有一位老实人正坐在树下歇息。突然，一个年轻人飞奔到老实人面前，惊慌地哀求老实人救他，说有人误以为他是小偷，偷了人家的东西，正带领一帮人追捕他，要剁掉他的双手。说罢，纵身爬到那棵大树上躲了起来，并再一次要求老实人不要告诉追捕他的人他躲在树上。老实人看年轻人的长相不像个小偷，便回答说："让我想一想。"

就是老实人这句不自觉的承诺，使年轻人放心了。

不一会儿，追捕的人赶到大树下，问老实人："你有没有见到一个年轻人从这里跑过去？"

谁知这个老实人曾发过誓，今生绝不讲假话，便随口回道："见过。"

追捕的人又问："他往哪儿跑了？"

老实人随手朝树上指了指。年轻人终于从树上被拖了下来，剁掉了双手。

年轻人当然大骂老实人违背了自己的承诺，背叛了他。

应切记，现代社会大家都喜欢"言出必行"的人，从来很少用宽容的尺度去谅解你不能履行某一件事的原因。我们常常在应酬中听到某位朋友说，某某分明答应为我办一件事，可是他却食言了。仔细地想一想那位朋友的话，虽然某某曾经答应过他，但那很可能只是表面上的应会，或者是这件事根本就不可能办到；其实，恐怕连那位朋友也心知肚明，他所请托之事有些强人所难。但是他会责备自己而不责备别人吗？如不细想，即使我听了，也会觉得某某不对，因为到了这地步，谁还会顾及当初某某自觉或不自觉地应允朋友时的为难境地呢！

有人不禁会问："在朋友面前，对朋友提出的请求非应允不可，而实际上这种要求根本就办不到时怎么办？"

日本的应酬学家掘川正义告诉我们："我们在聆听别人陈述和请托完毕之后，不妨轻轻地摇头，不必强烈地表示出拒绝的态度。"

这就是说，老实人不必用伤害感的强烈言辞去拒绝，只要轻轻摇一下头，把拒绝的意思含蓄其中，朋友便可以理解。再加上你充分陈述拒绝的理由，朋友会更容易接受。

还有一些老实人，当朋友提出某种请求时，不是果断地回答，而是采取拖的办法，这都是不好的应酬之道，后果必然不好。

老实人不爱搞应酬

古代，一个老实巴交的农民想求官老爷办件事，官老爷见他两手空空，顿时不悦，只冷冷地道了一声"难办"，就只顾埋头打瞌睡。第二天，一位精明的商人也去求官老爷办事，在官老爷未开口时，商人就从怀里掏出一个金镯子，官老爷顿时两眼发亮，将那"难办"的事办了。老实的农民问商人为什么"难办"的事他可以办到，商人笑而不答。

现在，让我们看看一下这个"礼"字在社会生活和人际交往中的作用。

有人经过调查研究指出，日本产品之所以能成功地打入美国市场，其中最秘密的武器之一就是日本人的小礼物。换句话说，小礼物在商务交际中起到不可估量的作用。

当然，这句话也许有点言过其实。但是日本人做生意，确实是想得最周到的。特别是在商务交际中，小礼品是必备的，而且根据不同人的喜好，设计得非常精巧，可谓人见人爱，很容易让人爱礼及人。

小礼物起到了非同小可的作用，而精明的日本人此举之所以成功，在于他们聪明精明，摸透了外国商人的心理，又运用了自己的策略。一是他们了解了外国人的喜好而投其所好，以取得别人的好感；二是他们采取了令人可以接受的礼品，因为他们深知欧美商业法规严格，送大礼物反而容易惹火烧身，而小礼物绝没有受贿行贿之嫌；第三他们又很执着于本国的文化和礼节。

如今商品社会，往往是"利""礼"相关，先"礼"后"利"，有礼才有利，这已经成了商务交际的一般规则。在这方面，道理不难懂，难就难在操作上，你送礼的功夫是否像日本人一样到家，不显山露水，却能够打动人心。

送礼其实已成了一种艺术和技巧，从时间、地点一直到选择礼品，都是一件很费人心思的事情。很多大公司在电脑里有专门的储存，对一些主要公司、主要关系人物的身份、地位以及爱好、生日日期都有记录，逢年过节，或者什么合适的日子，总有例行或专门的送礼行为，巩固和发展自己的关系网，确立和提高自己的商业地位。

人们都讲礼尚往来，人之常情，在求人办事时也不例外。

送礼是表达心意的一种形式。礼不在多，达意则灵；礼不在重，传情则行。双方都不要着重礼物本身的物质价值，而应视收到的是一份浓浓的情，厚厚的意。礼物是一种友情的表示，中国早就有投之以桃，报之以李的习俗。朋友之间或出远门旅游捎回一点当地特产，或年节佳辰，个人喜庆，赠送一点敬贺礼品，表现彼此间的一番情谊则是有必要的，这是一种诚挚的感情交流，是发自内心的赠予，是感情的物化。

送礼作为一种文化现象，自有其特定的规律，不能盲目去做，随心所欲。它反映出送礼者的文化修养、交际水平、艺术气质以及对受礼人的了解程度和关系远近。在一定意义上讲，是一门特殊的交际应酬艺术。

第二章　人太老实烦恼多——
老实人的心态

　　做个老实人，烦恼实在多：老实人抹不开面子，所以最怕丢面子；老实人怕羞，总是"不好意思"；老实人害怕自己有缺点. 面对自己的缺点，他们总想办法遮掩，害怕别人笑话；老实人爱抱怨，有了不满，只知道唉声叹气，埋怨自己的命不好；老实人天生胆小，总悄悄躲在角落里，默默无闻过一生。

老实人害怕自己有缺点

每个人都会有缺点，这个世界上，十全十美的人是不存在的。老实人面对自己的缺点，总是想办法遮掩，害怕别人笑话。例如，有一个人牙齿长得不好，所以，他说话时总想掩饰自己，其实，这样做反而会使人感到虚伪，不真实，也就没有人愿意与他交往。正确的思维是坦然面对自己的缺点，不有意掩饰，敢于挑战自我，承认缺点，这样就会赢得大家的尊敬。

首先，老实人之所以不易成功，原因就是不敢与人交往。不敢与人交往可能是存在自卑心理，这在现代社会就成为阻碍一个人发展的绊脚石。作为一个现代人一定要树立自信，要敢于与陌生人谈话，千万不能老实胆小。

其次，老实人不敢在熟人面前露丑是一种不良习惯。老实人的许多毛病或不良习惯可能是从小形成的，也许正是这些不良习惯，让他们多次与成功绝缘。也许谁也不会相信，一个读了几年大学的人不敢上台表现自己。小王就是这样的人。一次，他被逼着去参加卡拉OK大赛，要不是出了点意外，差点就拿了奖。这一次在众目睽睽中失败了，小王露了一次丑，但正是这次露丑，才让他走出了恐惧的阴影，在以后的人际交往中打开了新的局面。其实，没有什么大不了的，"丑媳妇总得见公婆"，走出这一步，你就自信了。害怕露丑，老实人就永远没有机会。

可是，现在却还有很多老实人到处在说："我能怎么办？"其实，你怎么知道你办不到呢？你怎么知道即使经过数年的努力你仍然不会有所收获呢？林肯曾经说过："我要准备好自己，以待时机的来临。"因为他深信只要耕耘就一定会有收获。林肯果然等到了收获的那一天。

老实人好抱怨

老实人如果满足于他已有的，决不会再有什么别的需求。老实人如果有了不满，便只知道呆坐呻吟，埋怨自己的境遇不佳。

世上确实有很多不公平的事，有很多值得埋怨的事。但是，如果我们回过头来想想，世上是根本不存在什么十全十美的。如果我们一味追求完美，抱怨社会，抱怨他人，如果我们一定要等到世上所有条件都完美后才开始行动，那么只好永远等下去了。有的老实人为什么一辈子都干不了一件事情，原因正在于此。相反，那些"不老实的人"也对自己的现状不满，但他却起来行动，力求改变现状，而不是埋怨，结果行动者成功了，而老实人则依旧一事无成。

吉恩快40岁了，他性格内向，为人老实，他受过良好的教育，有一份安定的会计工作，一个人住在芝加哥，他最大的心愿就是早点结婚。他渴望爱情、友谊、甜蜜的家庭、可爱的孩子以及种种相关的事。他有几次差点就要结婚了，有一次只差一天就结婚了。但是每一次临近婚期时，吉恩都因抱怨而与女友分手。

有一件事可以证明这一点。两年前吉恩终于找到了梦寐以求的好女孩。她端庄大方、聪明漂亮又体贴。但是，吉恩还要正实这件事是否十全十美。有一个晚上当他们谈到婚姻大事时，新娘突然说了几句坦白的话，吉恩听了有点懊恼。

为了确定他是否已经找到理想的对象，吉恩绞尽脑汁写了一份长达4页的婚约，要女友签字同意以后才结婚。这份文件又整齐、又漂亮，看起来冠冕堂皇，内容包括他所能想象到的每一个生活细节。其中有一部分是宗教方面的，里面提到上哪一个教堂、上教堂的次数、每一次奉献金的多少；另一部分与孩子有关，提到他们共要生几个孩子、在什么时候生。

他把他们未来的朋友、他太太的职业、将来住哪里以及收入如何分配等等，都不厌其烦地事先计划好了。在文件结尾又花了半页的篇幅详列女方必须戒除或必须养成的一些习惯，例如抽烟、喝酒、化妆、娱乐等等。准新娘看完这份最后通牒，勃然大怒。她不但把它退回，又附了一张便条，上面写道："普通的婚约上有'有福同享，有难同当'这一条，对任何人都适用，当然对我也适用。我们从此一刀两断！"

当吉恩先生收到被退回的婚约时，还委屈地说："你看，我只是写一份同意书而已，又有什么错？婚姻毕竟是终身大事，你不能不慎重行事啊！"

老实人吉恩真是大错特错。他可能过分紧张、过度谨慎，但不论是婚姻，或是任何一件事情，都不能过分抱怨，以免所订的每一种标准都偏高了。吉恩先生处理婚姻问题的做法，跟他对工作、积蓄、朋友的交情，甚至每一件事情都很相似。

成功的人物并不是在问题发生以前，先把它统统消除，而是一旦发生问题时，有勇气克服种种困难。我们对于一件事情的完美要求必须折中一下，这样才不至于陷入行动以前永远等待的泥沼中。当然最好是有逢山开路、遇水架桥那种大无畏的精神。

其实正是老实人自己使其成为一个"被动的人"。老实人总想等所有的条件都十全十美后再动手。由于实际情况与理想永远不能相符，所以只好一直拖下去了。老实人的理想也就成了空想。

看来，埋怨除了说明自己无能外，不能说明别的了。

老实人怕丢面子

老实人过于爱面子，"死要面子活受罪"是老实人的一大特点。老实人常说："那多没面子啊！"他们死守着面子不放，做什么事都怕丢面子，做什么都怕犯错误。

孔子说："过而不改，是谓过矣。"意思是说：犯了一回错不算什么，错了不知悔改，才算真的错了。

人无完人，没有人会永远都没有错误，有时甚至还会一错再错，既然错误是不可避免的，那么可怕的并不是错误本身，而是知错而不肯改，错了也不悔过。

其实，如果老实人能坦诚面对自己的弱点和错误，再拿出足够的勇气去承认它、面对它，不仅能弥补错误所带来的不良后果，还能加深领导和同事对其良好印象，从而很痛快地原谅其所犯的错误。这不但不是"失"，反而是最大的"得"。

事实上，一个有勇气承认自己错误的人，他也可以获得某种程度的满足感，这不仅可以消除罪恶感和自我保护的气氛，而且有助于解决这项错误所制造的问题。戴尔·卡耐基告诉我们，即使傻瓜也会为自己的错误辩护，但能承认自己错误的人，就会获得他人的尊重，而且令人有一种高贵诚信的感觉。

喜欢听赞美是每个人的天性。忠言逆耳，当有人，尤其是和自己平起平坐的同事对着自己狠狠数落一番时，不管那些批评如何正确，大多数人都会感到不舒服，有些人更会拂袖而去，连表面的礼貌也不会做，常常令提意见的人尴尬万分。下一次就算你犯更大的错误，相信也没有人敢劝告你了，其实这是老实人做人的一大损失。

当我们错了——若是我们对自己诚实，这种情形十分普遍——就要迅速而热诚地承认。这种技巧不但能产生惊人的效果，而且比为自己争辩还有趣得多。

如果你总是害怕别人批评自己曾经犯错，那么，请接受以下这些建议：

假若你必须向别人交代，与其替自己找借口逃避责难，不如勇于认错，在别人没有机会把你的错到处宣扬之前，对自己的行为负起一切的责任。

如果你在工作上出错，要立即向领导汇报自己的失误，这样当然有可能会被大骂一顿。可是上司的心中却会认为你是一个诚实的人，将来也许对你更加器重，你所得到的可能比你失去的还多。

如果你所犯的错误可能会影响到其他同事的工作成绩或进度时，无论同事是否已发现这些不利影响，都要赶在同事找你"兴师问罪"之前主动向他道歉、解释。千万不要企图自我辩护，推卸责任，否则只会火上浇油，令对方更感愤怒。

每个人都会犯错误，尤其是当你精神不佳、工作过重、承受太沉重的生活压力时。偶尔不小心犯错是很普通的事情，关键是犯错后要用正确的态度对待它。犯错误不算什么罪大难饶的事，"有则改之，无则加勉"，只有放下了面子，不再固守所谓的自尊，人才能坦诚地面对自己、面对别人。

老实人的"不好意思"

"不好意思"在现代社会中是一种所谓的礼貌语言，其实在日常生活中"不好意思"的事还真不少。而老实人总爱说"不好意思"，常常会带来更多的麻烦。

动物会不会有"不好意思"的行为，这得问动物学家才知道，不过看来是没有，因为动物的动作都出自本能，无论是觅食或是求偶，想做什么就做什么。

人和动物不同，人会"不好意思"，除了本身性格因素之外，礼教的束缚及文化的熏陶也是重要的原因，所以有些人动不动就"啊，不好意思！"这种"不好意思"的特质有时很"可爱"，有益人际关系，但相对的，老实人太多的"不好意思"会让他们失去很多该有的权益及机会，因此，老实人的"不好意思"的性格特质有必要加以调整。

事实上，"不好意思"是一种个人的反应，老实人总把这些事与道德、羞耻联系起来，别人也不认为做了这种事应"不好意思"，但老实人就是不敢做，例如追求女朋友，老实人就会"不好意思"，这种"不好意思"就是自己想的，而不是别人想的。

当今世界，人人暴露欲望，个个展现实力，慢一步就没有了机会，因此面临生存竞争，老实人应该认清"不好意思"的真相，大胆地表现自己的想法，并采取必要的动作，否则你"不好意思"，别人反而笑你笨，尤其以下三件事，你绝对不能"不好意思"：

一、关于你的事，你千万不可"不好意思"，你应该大方大胆地争取、保护，你如果因为"不好意思"而丧失权益，是不会有人感激你的。

二、想拒绝的事。很多老实人就因为同事、朋友、亲戚的关系而不好意思拒绝，于是借钱给别人、为人作保、甚至冒险为朋友"两肋插刀"。结果因为思虑不周，陷入困境。

三、该要求的事，很多老实人就因为"不好意思"，而有很多话"不好意思"说，结果事情做不好，对方得不到好处，他们也苦了自己。尤其是当领导的，在工作上，绝对不可以"不好意思"要求，否则将失去权威，被下属欺瞒。

这几件事如果老实人能做到"好意思"，在人性丛林里就不会有生存的问题了。

不过，"不好意思"的性格要去除不是很容易，只能慢慢学习，逐步改善，只要你愿意，也能了解生存竞争的残酷，经过一段时间后，自然就不会动不动就"不好意思"了。

老实人易孤独

老实人容易陷入孤独的苦恼之中，他们不会主动与其他人交往，只会与熟悉的人来往，而生活中他们熟悉的人毕竟是少数。

老实人不管是置身于人群，或者是独居一室，他们对周围的一切都缺乏了解，与身外的世界无法沟通，从而时刻体会着孤独的滋味。

老实人战胜孤独可用以下方法：

首先战胜自卑，因为老实人总觉得自己跟别人不一样，所以就不敢跟别人接触，这是自卑心理造成的一种孤独状态。这就跟作茧自缚一样，老实人要冲出这层包围着自己的黑暗，必须首先咬破自卑心理组成的茧。

其实，老实人大可不必为了自己跟别人不一样而忧思重重，人人都是既一样又不一样的。只要你自信一点，钻出自织的"茧"，你就会发现跟别人交往并不是一件难事。要学会与外界交流，独自生活不意味着与世隔绝。一个长年在山上工作的气象员说，他常常感到有必要把自己的思想告诉人家，可是他的身边却没有人可以倾诉，所以他就用写信来满足了自己的这一要求。

当你感觉到孤独的时候，翻一翻你的通讯录，也许你可以给某位久未见面的朋友写封信，或者，给哪位朋友打一个电话，约他去看一场周末上映的电影；或者是，请几位朋友来吃一顿饭，你亲自下厨，炒上几个香喷喷的菜，这都别有一番情趣。

其次要随时跟朋友们保持联系，不应该只是在你感觉到孤独的时候才想起他们。要知道，别人也都跟你一样，能够体会到友谊的温暖。或者为别人做点什么。跟人们相处时感到的孤独，有时候会超过一个人独处时的十倍。这是因为你与周围的人格格不入。就跟你突然来到一个语言不通的国度一样，你无法跟周围的人进行必要的交流，你也无法进入那种热烈的气氛里面，你不由自主地觉得自己很孤单，而他们之中那种热烈的气氛更是衬托出你的被冷落。

老实人要打破这种尴尬的局面，唯有"忘我"。想一想你能够为人家做点什么，这很有好处。记住：温暖别人的火，也会温暖你自己。

一些有过痛苦经历的人都说，当他们遭到厄运的袭击，而又不能够对人倾诉时，他们会不由自主地走到江边去，被清爽的江风吹着，心情就会渐渐地开朗。有一个感情丰富的女孩子说，她常常跑到最热闹的街道上去，她觉得只要置身于川流不息的人流，就会忘掉自己的寂寞。

再次老实人需要确立人生目标，也许因为人类早在原始社会就过惯了群居生活，所以现代社会才有了"孤独"这样一种世纪病。老实人害怕自己跟他人不一样，害怕被别人排斥，害怕在不幸的时候孤立无援，害怕自己的思想得不到旁人的理解……总之是一种内心的恐慌。

老实人要想从根本上克服内心的脆弱,最好莫过于给自己确立一些目标和培养某种爱好。一个懂得自己活着是为了什么的人,是不会感到寂寞的;同样,一个活着而有所爱、有所追求的人,也是不怕寂寞的。

老实人孤独个性的形成,是由于与生活隔绝、与真实生活远离而造成的。要克服孤独个性,就需要融入集体之中。

在生活中,大家一起享受,一起做事,可以达到忘我的境界。在兴奋的时候,我们对事情产生了兴趣;在认识别人的时候,我们会觉得不需要掩饰自己。长期这样做,就能够远离虚伪和做假,消除孤立感并且觉得更自然,发现自我,从而感到更加惬意。

最后老实人不要顾虑自己的情绪,要强迫自己加入人群。刚刚加入别人的圈子,也许会觉得有些"冷",但是只要持续下去就会发现,自己的感觉会"热"起来而且会觉得愉快。培养社交的能力,可以增添很多乐趣,如跳舞、打桥牌、弹钢琴、打网球、聊天等。心理学家告诉我们:经常暴露在惧怕的事物下,可以免于惧怕。老实人要是常常强迫自己与别人建立人际关系,并且是主动地建立,他会发现大部分的人都是友善的,而且发现自己也是受人欢迎的。他的害羞、胆怯会慢慢地消失得无影无踪,在公众面前也会泰然自若。

老实人自我封闭的心态

让我们先来看看一个老实人所酿成的人生悲剧:

吴明是个老实人,他出生于某偏僻山区里一户贫农家庭,父母也是老实巴交的农民。他从小就饱受欺凌，忍气吞声，躲躲藏藏。但他脑子聪明，又刻苦用功，终于一步步升学，最后考上了某民族学院。

大学生，世人谓之天之骄子，应该说每个人都有一定的自豪感和优越感。可老实的吴明没有，相反，那种自卑心理、封闭心态更严重。

他从周围人的衣着打扮、生活用具、谈吐知识乃至家庭状况中，得出一个结论：自己的一切都不如他人，自己家乡的一切都不如他人，自己不好意思甚至不配与他们一起谈话做事。这就是老实人自我封闭的典型心态。

于是，他从不敢进歌厅舞厅，从不主动与同学们说话，低着头走路，蒙着头睡觉。班里系里组织的文娱、体育活动，他能逃避尽量逃避，不能逃避则蹲角落、排队尾，唯一的想法，是不进入同学们的视野。他总觉得，人家的目光都在对他挑剔、讽刺、挖苦、嘲笑。

一次，班里组织元旦联欢晚会，他去了。同学们击鼓传花表演节目，他老实地坐在角落里局促不安，非常紧张。当鼓点在他那里停止时，他窘迫得面色苍白，尴尬难堪了一阵后，冲出了房间，眼泪在眼眶里打转。另一次，班里过中秋节聚餐，同学们都兴致勃勃、意趣盎然。当大家举酒为全班同学的友谊干杯时，竟发现他不在。班长回宿舍一看，他正把头蒙在被子里哭泣。

吴明的孤独，同学和班干部都看在眼里，但是他以强烈的自卑心理和封闭意识，拒人于千里之外。于是，随着时间的推移，没有人觉得他奇怪，虽感叹"吴明太老实了"，但没有人再主动找他说话，帮助他。他总唉声叹气，愁眉苦脸，极端消沉，没有一点精神，对任何事都提不起兴趣。

随着课程和心理负荷的加重，它终于在大学二年级下学期，精神崩溃了。

那个学期期末考试，他三科不及格。按照学校规定，应该留级，还需交500元学费。这对本来心理压力就很重的他来说，无疑如伤口撒盐。同学们看到，他得知这一消息后，坐立不安，茶饭不思，当天夜里，他失踪了。

第三天，人们在学校后面的湖里发现了他的尸体。他背着一大口袋石头跳湖自杀了。

他是大学生，但他是大学中的孤独者、掉队者，孤独老实使他失去了青春、前途、友谊……

老实人是有不少自卑的理由，无非是平凡、弱小。但是，在茫茫人海中，平凡弱小者很多，并非每个人都孤独、毁灭。老实人是在强烈的自卑心理的压力下，最大限度地夸张了自己的低能和渺小，人为地在自己的周围竖起一道道坚实的墙壁，把人拒之墙外，把自己关在墙内。社会压力通过墙壁越来越重地传给他时，他做一番苍白无力的挣扎扑腾，终于窒息而死。

其实，现代生活的发展给人们的活动提供了广阔的空间，人们可以自由自在地在这个空间里消费自己创造出来的财富，参与各种活动，互相交流感情，协调自己与他人的人际关系，为自己创造一个健康和谐的生活环境。

愉快、和谐的气氛对人的心理感受有着很大的影响，活泼开朗的人总能从中得到快乐和满足。他们总是积极地投入生活，从中寻找理解和支持，得到力量和鼓舞。因此，他们的生活很少有孤独和寂寞。然而性格内向的老实人往往看不到外面那沸腾的生活。老实人最容易消极厌世，自我封闭，把自己拴在一个与世隔绝的角落里，默默地承受孤独所带来的一切哀愁。

但是，性格内向的人并不全是孤独者，他们只是容易受到自我内心世界的包围，不轻易向别人展示自己而已。而且，人的性格具有可塑性，只要不走极端，适时的敞开自己的心怀，找一个知心朋友倾诉，就会大大改观自己的封闭内心的情况。只要不再时时受孤独的困扰，懂得自我调节，就不会变成一个孤僻的人。

老实人易悲观

我们每个人都是世上独一无二的，你就是你自己，你无须按照他人的眼光和标准来评判甚至约束自己，你无须总是效仿他人。保持自我本色，对于老实人来说，这是最重要的一点。

我们每个人的生活面貌都是由自己塑造而成的，如果我们能学会接受自己，看清自己的长处，明白自己的短处，便能踏稳脚步，达到目标；这样就不至于浪费许多时间精力，无谓苦恼。发现自我，秉持本色，这是一个人平安快乐的要诀，然而，现实生活中的老实人也不是很难做到这一点的。

北卡罗莱州的伊丝·欧蕾太太以前是个老实巴交的人，有一天她写信给她的朋友，她在信中诉说道："我从小就很老实，我的体重过重，加上一张圆圆的脸，使我看起来更显肥胖。我的妈妈十分守旧，她认为我无须穿得那么体面漂亮，只要宽松舒适就行了。所以，我一直穿着那些朴素宽松的衣服，从没参加过什么聚会，也从没参与过什么娱乐活动，即使入学以后，也不与其他小孩一起到户外去活动。因为我老实怕羞，而且已经到了无可救药的程度，我常常觉得自己与众不同，不受他人的欢迎。长大以后，我结婚了，嫁给了一个比我大好几岁的男人，但我老实害羞的特点依然如故。婆家是个平稳、自信的家庭，他们的一切优点似乎在我身上都无法找到。生活在这样的家庭之中，我总想尽力做得像他们一样，但就是做不到。家里人也想帮我从禁闭中解脱开来，但他们善意的行为反而使我更加封闭。我变得十分紧张，躲开所有的朋友，甚至连听到门铃声都感到害怕。我知道自己是个失败者，但我不想让丈夫发现。"

这是现实生活中一个典型的因为悲观而失去自我的例子。后来，这位女子并没有自杀，那么是什么改变了这位不幸女子的命运呢？竟然是一段偶然的谈话！"但一段偶然的谈话改变了我的整个人生。"欧蕾太太继续写道，"一天，婆婆谈起她是如何把几个孩子带大的。她说：'无论发生什么事，我都坚持让他们秉持本色。''秉持本色'这句话像黑暗中的一道闪光照亮了我。我终于从困境中明白过来——原来我一直在勉强自己去充当一个不大适应的角色。一夜之间，我整个人就发生了改变，我开始让自己学会秉持本色，并努力寻找自己的个性，尽力发现自己究竟是一个什么样的人。我开始观察自己的特征，注意自己的外表、风度，挑选适合自己的服饰。我开始结交朋友，加入一些小组的活动，第一次他们安排我表演节目的时候，我简直吓坏了。但是，我每开一次口，就增加一点勇气。过了一段时间，我的身上终于发生了变化，现在，我感到快乐多了，这是我以前做梦也想不到的。此后，我把这个经验告诉孩子们，这是我经历了多少痛苦才学习到的——无论发生什么事，都要秉持自己的本色！"

老实人胆小怕事

下面一个故事，会对老实人有所启示。

黄昏时刻，有一个人在森林中迷了路。天色渐渐地暗了，眼看黑幕即将笼罩，黑暗的恐惧和危险，一步步移近。这个人心里明白：只要一步走错，就有掉入深坑或陷入泥沼的可能。会有潜伏在树丛后面饥饿的野兽，正虎视眈眈注意着他的动静，一场狂风暴雨式的恐怖正威胁着他，侵袭着他。万籁无声，对他来说是一片死前的寂静和孤单。

这时，凄黯的夜空中，几颗微弱的星光，一闪，一闪，似乎带来了一线光明，却又不时地消失在黑暗里，留给人迷茫。但是对汪洋中的溺水者来说，一根空心的稻草都是珍贵的，都认为是救命的法宝，虽然一根稻草是那么的无济于事。

突然间，眼前出现一位流浪汉踽踽途中，他不禁欢喜雀跃，上前叫住，探询出去的路途。这位陌生的流浪汉很友善地答应帮助他。走呀！走！他发现这位陌生人和他一样的迷途。于是他失望地离开了这位迷途的陌生伙伴，再一次回到自己的路线上来。不久，他又碰上了第二个陌生的人，那人肯定地说他拥有逃出森林精确的地图，他再跟随这个新的导引，终于发现这是一个自欺欺人的人，他的地图只不过是他自我欺骗情绪的结果而已。于是他陷入深沉的绝望之中，他曾经竭力问他们有关走出森林的知识，但他们的眼神后面隐藏着忧虑和不安，他知道：他们和他一样的迷茫。他漫无目的地走着，一路的惊慌和失误，使他由彷徨、失落而恐惧。无意间，当他把手插入口袋时，找到了一张正确的地图。

他若有所悟地笑了：原来它始终就在这里，只要往自己本身去寻找就行了。从前他太忙，忙着询问别人，反而忽略了最重要的事——回到自己身上找。

如同这位流浪者，你天生具有一份内在的地图，指引你离开忧虑和沮丧的黑森林。这个故事告诉我们，情绪性的恐惧是多余的。假如任何人告诉你别的，那他一定没有找到他自己。

解除胆小怕事的办法是始终存在的，但是我们一定得靠自己的能力去解除自己心中的恐惧，不能随便听信他人，不要因为他自称知道解决的办法，就放弃自我明智的追寻，甚至委屈了自己。只要我们不断地努力追寻，甚至于"绝望"本身也能够帮助我们。如保罗·泰利斯博士指出："在每个令人怀疑的深坑里，虽然感到绝望，我们对真理追求的热情，依旧不停地存在。不要放弃自己，而去依赖别人，纵使别人能解除你对真理的焦虑。不要因诱惑而导入一个不属于你自己的真理。"

所以，尽管生活中难免会遇到不如意的事，但只要老实人善于把握自己并明白以下两点，是可以战胜困难的。

一、老实人不要把忧虑和恐惧隐藏在心中。老实人有忧虑与不安时，总是深藏在心间，不肯坦白说出来。其实，这种办法是不对的。内心有忧虑烦恼，应该尽量坦白讲出来，这不但可以给自己从心理上找出一条出路，而且有助于恢复头脑的理智，把不必要的忧虑除去，同时找出消除忧虑、抵抗恐惧的方法。

二、老实人不要胆小怕事。人遇到什么难事时，往往是成功的先兆，只有不怕困难的人，才可以战胜恐惧。

老实人斤斤计较认死理

老实人往往是对什么事都看不惯的那种人，他们爱斤斤计较，认死理，因此对人过于挑剔。

怎样做人是一门学问，是一门甚至用毕生精力也未必能勘破个中因果的大学问，多少不甘寂寞的人究其原委，试图领悟到人生真谛，塑造出自己辉煌的人生。然而人生的复杂性使人们不可能在有限的时间里洞察人生的全部内涵，但人们对人生的理解和感悟又总是局限在事件的启迪上，比如：做人不能斤斤计较便是其中一理，这正是有人活得潇洒，而老实人活得累的原因之所在。

做人固然不能玩世不恭，游戏人生，但也不能太老实，认死理。"水至清则无鱼，人至察则无徒"，太斤斤计较了，就会对什么都看不惯，连一个朋友都容不下，把自己同社会隔绝开。镜子很平，但在高倍放大镜下，就成了凹凸不平的山峦；肉眼看似很干净的东西，拿到显微镜下，满目都是细菌。试想，如果我们"戴"着放大镜、显微镜生活，恐怕连饭都不敢吃了。再用放大镜去看别人的毛病，恐怕那家伙罪不容赦，无可救药了。

人非圣贤，孰能无过。与人相处就要互相谅解，经常以"难得糊涂"自勉，求大同存小异，有肚量，能容人，你就会有许多朋友，且左右逢源，诸事遂愿；相反，斤斤计较，认死理，过分挑剔，容不得人，人家也会躲你远远的，最后，你只能关起门来"称孤道寡"，成为使人避之唯恐不及的异己之徒。古今中外，凡是能成大事的人都具有一种优秀的品质，就是能容人所不能容，忍人所不能忍，善于求大同存小异，团结大多数人。他们极有胸怀，豁达而不拘小节，大处着眼而不会目光短浅，从不斤斤计较，纠缠于非原则的琐事，所以他们才能成大事、立大业，使自己成为不平凡的伟人。

陈明为人老实，又爱斤斤计较，他总抱怨他们家附近副食店卖酱油的售货员态度不好，像谁欠了她二百吊似的，后来同事的妻子打听到了女售货员的身世：丈夫有外遇离了婚，老母瘫痪在床，上小学的女儿患哮喘病，每月只能开二三百元工资，一间12平米的平房。难怪她一天到晚愁眉不展。这样一来，显得陈明太苛求别人了。

人生如此短暂和宝贵，要做的事情太多，何必为这种令人不愉快的事情浪费时间呢？斤斤计较的老实人应该知道自己该干什么和不应该干什么，知道什么事情应该认真，什么事情可以不屑一顾。老实人要真正做到这一点是很不容易的，需要经过长期的磨炼。如果老实人明确了哪些事情可以不认真，可以敷衍了事，他们就能腾出时间和精力，全力以赴认真地去做该做的事，他们成功的机会和希望就会大大增加；与此同时，由于他们变得宽宏大量，人们就会乐于同他们交往，他们的朋友就会越来越多。事业的成功伴随着社交的成功，应该是人生的一大幸事。

老实人牢骚多

每件事情都有它的优点和缺点，当你遇到不好的部分时，先学会思考，如何在这里面学习和成长才是重要的。"牢骚太盛防断肠"。

一个老实人，一直得不到重用，为此，他愁肠百结，异常苦闷。有一天，这个老实人去问上帝："命运为什么对我如此不公？"上帝听了沉默不语，只是捡起了一颗不起眼的小石子，并把它扔到乱石堆中。上帝说："你去找回我刚才扔掉的那个石子。"结果，这个老实人翻遍了乱石堆，却无获而返。这时候，上帝又取下了自己手上的那枚戒指，然后以同样的方式扔到了乱石堆中。结果，这一次，他很快便找到了那枚戒指——那枚金光闪闪的金戒指。上帝虽然没有再说什么，但是他却一下子便醒悟了：当自己还只是一颗石子，而不是一块金光闪闪的金子时，就不要抱怨命运对自己不公平。

上帝给谁的幸运都不会太多，面对不佳的际遇，一时的坎坷，老实人都抱怨命运的不公、上帝的捉弄，却不能正视自己，冷静地审视自我，问一问是否已经将自己磨炼成一块金子，一块熠熠生辉的足以让人一目了然的金子。

的确，尘世琐屑，红尘纷扰，总难免遭遇凄厉的狂风，淋漓的冷雨，但是，这并不是苦难，而是恩赐，正是上天对我们生命的打磨与锤炼。因为，生命的初始，就像一块璞玉，质朴而粗糙，没有光泽，需要我们细细地打磨，耐心地锤炼。这样才能去粗取精，精益求精，显示出生命的厚重与光华。

生命是美丽的，而且异常精彩。面对不幸，面对潦倒，老实人所要做的不是怨天尤人，自暴自弃，而应该是不断捕捉生存智慧，承受苦难，直面打击，最终将自己打磨成一块闪闪发光的金子。要知道，上帝永远是公平的。等到有一天，你真正将自己打磨成一块熠熠生辉的金子时，任何人都掩不住你灿烂夺目的光辉。

神父去拜访一位久未到教会做礼拜的教友。

教友说："教会的是非问题太多了，一堆人扯在一起，就喜欢说人的是非，我感觉非常累了，我不喜欢这样的教会。如果教会不这样，是个单纯的地方，我就会去。"

神父没有办法，因为他自己也觉得教会的是非问题很多，而这问题也持续了很久。

他沮丧地回来请教有经验的老神父。

老神父去找教友，教友又把他的话重复一遍，"如果教会是个单纯的地方，我就会去。"

老神父听完一笑，问："你有看过这样的教会吗？"

教友想了想，摇头说："没有看过。"

老神父说："如果有的话，我劝你也不要去。"

教友疑惑地问："为什么？"

老神父答："你去也只是污染教会而已。"

对于生活中的许多不顺遂的事，我们第一个反应就是抱怨。

抱怨也并不是不好，但是它容易令我们陷在负面的情绪中。

教友抱怨教会人事是非多，而它也确实是如此没错，但教会一定有其他的优点，一味地在它的缺点上专注，就容易因放大了缺点，而忽略了它的优点。

每件事一定都有它的优点，遇到不好的部分时，先学会去思考，在这样的事件中，我能学到什么？既然这样的事只有你才能碰见，可见这一定是这个世界特别给你学习的试题。如何在这里面学习成长才是最重要的。

试着去看事物可令自我学习成长的部分，而不要专注于令自我负成长的部分。

有些志同道合的人会联合起来一起写小说。他们一起出钱，不定期地出版他们所写的小说，偶尔也会聚在一起交换心得。在这样的团体里面，总会有想要拿文艺奖，想要真正成为作家的人。可是有很多这样的人，明明自己还没达到那个水准，却一直感到不满；这种人会不断地抱怨别人没眼光，不会欣赏他那优秀的作品，却绝对不会承认自己的作品不好。

目前许多媒体都到处在寻找小说界有才能的新人。所以如果你稍具才气的话，能不被发觉吗？像前面所说的那些人，他们之所以不被重视，就说明他们的作品还没到那种水准。

如果你对自己的能力作了过高的评价，并且觉得自己怀才不遇，并将原因归咎于运气不好的话，那么你大概就是那种只会抱怨上天不公平的宿命论者。这类人不仅在小说界，在一般商业界也到处可见。

最常见的就是，老实人常说："公司根本就不了解我的实力""上司没有眼光，所以我再努力也得不到他的赏识""大家都无法欣赏我的能力"等等。而且老实人最容易怪自己运气不好。然而问题是这真的是别人的错吗？这种人就像自己没有实力却怪别人没眼光的小说家一样。

当一个人凡事都怪运气不好的时候，他就很难跳出那个框框了。总之，最重要的是不要随随便便地就把一切的责任往命运上推。宿命论者，心态大多非常的灰暗、悲观。他们越是这样，幸运女神就越不会去眷顾他们，他们就更相信是运气不好，而造成一种恶性循环。老实人事情做得好不好基本上并不是问题，成问题的是他们老是把一切推到命运这件事上。

能够开朗工作的人，大多不会是宿命论者。如果你要相信命运的话，也请你往好的方面想。如此一来才有可能不断地帮你开运。

若想杜绝抱怨，首先必须做的就是学会接受。

《为自己出征》这本书里，有这样一句话："当你学会接受不期待，失望就会少得多。"

对周围的事急于判断，一直是人们的坏习惯。

哪个明星外表不好看；哪个政治人物操守不良；哪样的颜色不得体……种种原本自然的事物，都被我们加上"该"或"不该"，难怪生活中的抱怨越来越多，而赞美越来越少。

这样的生活，其实是自找的。

有史以来，世界一直是个相对的世界。有黑一定有白，有好一定有坏，这是原本存在的事实。一味地想拥有自己所渴望的那一面，是绝对不可能的。

要知道，自己不想要的那部分，可能正是某个人的所爱。

凡存在，必有价值，这是肯定的。

鸦片对很多人来说是毒品，但对有需要的病人来说，它是很好的抗痛良药。运动是健康的，但对某些特殊疾病患者来说，它是危险且会致命的。

万事万物都没有绝对。如果只想尝甜头，而对这之外的东西全部予以否定，则只会令自己更不快乐。

谁都没有创造宇宙的力量，除非学会接受，否则难以在现今的这个宇宙里生存。既然如此，学会接受不埋怨，是对自己和他人都绝对必要的功夫。

刚开始可能会不习惯，但渐渐地学会不武断评论，生命中的喜悦也将源源不断地到来。

努力排除抱怨，你才能不再有抱怨。这是一个尽人皆知的道理，然而在实际生活过程中，由于人们内心的狭隘，却很难做到这一点，也正因为很少有人做到这一点，生活中才会充斥着抱怨。

《法华经》记载这样的一个故事：有个老实人探访一位有钱有地位的亲戚富翁。富翁同情他，故热诚款待，结果老实人酒醉不醒。恰好这时官方通知富翁有要事需要他处理，富翁想推醒老实人，向他告别，但老实人不醒，富翁只好悄悄地把一些珠宝塞进他的破衣服之中。老实人醒后，浑然不知，依然如同往常，生活依然贫困。过了一些时日，两人偶遇，富翁告诉他衣服中藏宝的真相，老实人方才如梦初醒。原来这么多日子以来，自己身上有"小宝藏"也不知道！

如同那位身怀宝藏却仍四处流浪的老实人一样，我们要仔细地"搜查"一下自己的"衣物"，看看自己的佛心佛性在哪里。找到宝藏后，你还会失落惆怅吗？

第三章　老实人家日子穷——
老实人与财富

　　老实人家日子穷。老实人大钱赚不来，小钱不放在眼里。其实，老实人做梦都想着发财，但是他们只有梦想，没有雄心。老实人没有致富的本钱，他们会说："我没有本钱，怎么去发财？"老实人经常抱怨自己没有发财的机会，其实，他们从不主动地去寻找机会，去抓住机会，只是坐在家里苦苦地等待。即便是机会来了，他们会说算了吧。老实人不愿意冒险。总是前怕狼后怕虎，瞻前顾后害怕栽跟头。老实人丢不开面子，羞于向别人借钱。老实人总是死靠着一点工资过日子，从不想办法利用业余时间捞点"外快"。老实人就这样守着穷日子过完一生了。

老实人没有野心

现今经济社会生活中，每个人都想发财，每个人都有一个发财的美梦。但是，老实人很快就放弃了自己的梦想，于是生活就失去了动力，以后的生活就是往下混了，人生也就失去了意义。这就是老实人失败而默默无闻的原因。不要放弃雄心，你即使一辈子都没有实现你的发财梦，你也会觉得不虚此生。何况你只要行动，就会有收获。拿破仑·希尔把致富的过程总结为六大步骤：

第一，牢记你所渴望金钱的确切数目。

第二，决定一下，你要付出什么以求报偿。

第三，设定你想拥有所渴望金钱的确切日期。

第四，草拟实现渴望的确切计划，并且立即行动，不论你准备妥当与否，都要将计划付诸实施。

第五，简单明了地写下你想获得的金钱数目，及获得这笔钱的时限。

第六，一天朗读两遍你写好的告白，早晨起床时念一遍，晚上睡觉前念一遍。

这六大步骤的核心就是要行动，任何伟大的财富追求只有在行动中才会变为现实。

亚蒙·哈默，是美国的"石油巨人"，跨世界的石油大亨，是一位具有传奇色彩的世界著名企业家，西方石油公司的董事长兼总经理，该公司在西方世界最大的工业公司中居第20位，列美国大石油公司的第八位，年销售额127．5亿美元。这位业绩卓越的实业家、经济强人曾是"列宁的挚友"，号称"无所不成的红色资本家"，有着"开垦处女地"的精神，敢于到"月球"上去冒险的经营奇才。

1898年，哈默出生于美国纽约一条杂乱狭窄的街区。他的父亲朱利叶斯·哈默是一位医生。父亲曲折奋争的经历给年轻的哈默以深刻的印象，以致左右了哈默的一生。当他还在中学读书时就开始了赚钱的尝试。一次他从哥哥那里借了185美元买了一辆双座敞篷旧车。185美元对一个穷学生来说不是一个小数目，能否如期偿还没有把握。他利用圣诞节来临之际用买来的车为商人送糖果，半个月下来不但还清了哥哥的钱，自己的腰包也鼓了起来。小试牛刀初露锋芒的哈默坚定了自己的志向。一年以后哈默考入了哥伦比亚大学医学院，在学习期间他父亲经营的制药厂濒临倒闭，父亲要求他经营药厂但不能荒废学业。哈默从此开始了实业家的生涯，他请了一位同学帮助他完成学业，条件是他为这位同学提供食宿。他主管药厂后改革了经营方式和推销方法，让几百名"传教士"直销产品，取消了原来以邮寄销售为经营手段的方法，这种当面销售的方法获得了成功，药品的生意越做越兴旺。

"只要值得，不惜血本也要冒险。"这是哈默的座右铭和生意经。人无我有，人弃我取，使他在激烈竞争的商战中立于不败之地。

亚蒙·哈默的成功经历说明，一个人要想实现财富梦想，就要具备以下几点：

一、要有经济意识，有发财的梦想

现代人的观念不同于过去，经济社会的突出特点就是让人们都去努力发财，财富成了现代人成功的标志，经济意识一定要树立起来，要有发财的梦想和渴望，头脑里有这种准备，才有机会让你发财。没有准备，你就永远不会有发财的可能。

二、要有具体的行动

任何梦想都是在行动中才有可能变为现实，有了发财的梦想就要付诸于行动，就要按自己的设想去做，去努力。不行动的人是不会成功的。这种行动不是盲目的，也不是轻率的，而是有计划的，有具体步骤的，是切实可行的。

三、要有冒险的精神

想发财就要有冒险精神，因为你的想法要超出别人，才有可能获得胜利，如果你的想法与别人的一样，你就不会成功。冒险就是你要在别人不敢做某事时，你就大胆地去做，当别人看不见希望的时候，你却看见了发财的希望。

四、要有不怕失败，能经受挫折的坚强意志

谁都不可能一定能成功，发财有时候容易，有时候就会很难，当你面对失败和挫折时只要坚持不懈地努力就一定会有收获的。关键是你要相信自己的道路是正确的，你的想法具有可行性，你就应该坚持。

五、要有全球意识

现代经济现象已经不是个别地区的现象，而是一个全球现象，你要想发财，眼光就不能只盯在自己的脚底下，要有全球意识，这样你才能够走在经济发展的前沿，就能在别人还没有行动之前就已经做好了准备，你就有了发财机会。

六、要有创新精神

创新就是要摆脱传统的影响，不受现有方法的局限，敢于使用别人没有使用过的方法去做自己的事情。

不论是在科学领域，还是在经济领域，甚至在生活领域，敢于创新的人才有可能获得成功。

老实人不攀富

老实人会深有体会，平常百姓赚钱总是那么艰难？可能是社会关系太少，也可能是不太懂得社会关系的重要以及如何利用社会关系。老实人往往嫉富如仇，更不屑与富人攀关系，打交道。其实富人大多是通过自己的奋斗而得到财富的，况且富人有时候也会帮助我们去赚钱。

下面为老实人提供与富人打交道的七种方法：

一、不要自卑

即使结交的是世界第一大财主，也不要有他在天、你在地的自卑心理，人人是生来平等的，除了天生的不平等之外，人为的都是平等的。若是太过自卑反而会令人感到不自在，使对方产生戒心。把"我们家是穷人""我们是工人出身"时常挂在嘴边，不仅令人厌恶，也易让人反感和不舒服。

二、不要过于谄媚

围绕在有钱人的四周，有太多阿谀谄媚的人，而这些人整天只会喋喋不休地赞美其聪明、美丽、才干等等不着边际的事物，为的是能多捞一些钱回来，对这些现象，他们早就习以为常，反倒是不阿谀谄媚的人才易让他们更有新鲜感。

三、在富人面前尽量少谈钱

往往有钱人对于钱的事就最敏感了，若是一直在他身边谈论钱的事情，不仅容易对你起戒心，也很容易怀疑你，害怕你对他图谋不轨，彼此就不太能有机会接近，获得他的信赖。

四、要管好嘴巴

那些和有钱人交往的人，往往都会多赢得几分别人的注意，还会对你另眼相看；要是再将自己和有钱人在一起时所得到的消息散播出去，特别是流传到有钱人的耳朵里，就会使他们讨厌你，认为你的嘴巴靠不住，更别提你的为人，要使其不厌恶就最好别多话。

五、要守时

对于有钱人来说，"时间就是金钱"。若是你不懂这个道理，每次约会都会迟到一两分钟，还编了一大堆理由说是塞车，下雨，时钟坏了，如此这般，他们会觉得你一定成不了大器，你也不会被有钱人欣赏。

六、要学会说话

在谈话中，避免啰唆个不停，好像三姑六婆一样说个不停；多选择一些对方专业领域里的话题，抑或是对方极有兴趣却不了解的话题。只要一有了开端，就会欲罢不能了，就好比是个没人探索过的未知领域。

七、要用大脑分析

和有钱人交谈一些重要事项时，切忌冗长抓不着重点，而要简洁明了，条理分明，使人一目了然；再加以口头上的分析及解释，说得头头是道，这样有助于有钱人决策。

消极让老实人丢掉了财富

为人老实，做事消极，所以才显得老老实实，这是老实人的共同缺点。他们不会主动地去抓住致富的机会，只是老实地坐在哪里等待，即使是机会来了，他也会说算了。

抱着积极的心态不断地努力，就可以取得你要寻找的财富。现在你可以从积极的心态出发，向前迈出你的第一步。这时你也可能受到消极心态的影响，当你距离到达你的目的地只不过一箭之遥时，你却停下来了，那么财富也就与你擦身而过。这里有一个很好的例子：

这个故事的主人公叫作奥斯卡。1929年下半年的某一天，他在美国中南部的俄克拉荷马州首府俄克拉荷马城的火车站上等候火车往东边去。他在气温高达43℃的西部沙漠地区已经待了好几个月，他正在为一个东方的公司勘探石油。

奥斯卡毕业于麻省理工学院。据说他已把旧式探矿杖、电流计、磁力计、示波器、电子管和其他仪器结合成勘探石油的新式仪器。

现在奥斯卡得知，他所在的公司因无力偿付债务而破产了。奥斯卡踏上了归途。他失业了，前景相当暗淡。

由于他必须在火车站等待几小时，他就决定在那儿架起他的探矿仪器用以消磨时间。仪器上的读数表明车站地下蕴藏有石油。但奥斯卡不相信这一切，他在盛怒中踢毁了那些仪器。"这里不可能有那么多石油！这里不可能有那么多石油！"他十分反感地反复叫着。

奥斯卡由于失业的挫折，他深受消极心态的影响。他一直寻找的机会就躺在他的脚下，但是由于消极心态的影响，他不肯承认它，他对自己的创造力失去了信心。

对自己充满信心，是成功的重要原则之一。检验你的信心如何，看看在你最需要的时候是否应用了它。

那天，奥斯卡在俄克拉荷马城火车站登上火车前，把他用以勘探石油的新式仪器毁弃了，他也丢掉了一个全美最富饶的石油矿藏地。

不久之后，人们就发现俄克拉荷马城地下埋有石油，甚至可以毫不夸张地说，这座城就浮在石油上。

奥斯卡的遭遇提供了有力的证明：积极的心态能吸引财富，消极的心态会排斥财富。

老实人常说"我没有本钱，怎么致富？"

一个人成功的标志之一就是财富，老实人每天做梦都想得到财富，但他们认为自己一无本钱，二无机会，又无才能，怎么能得到财富？他也许还会认为：

"所有那些关于积极心态的和消极心态的问题对于要赚得100万美元的人说来是极好的。但我对于赚100万美元不感兴趣。"

"当然，我需要安全。我需要足够的财力，以便生活得很好。当我退休的时候，我需要一笔积蓄，以维持我今后的生活。如果我是一个公司的雇员，仅靠薪金生活，我又该怎样办呢？"

现在让我们来看一个积极心态者应怎么看待这些问题吧：

"你也能得到财富。你既能确保经济上的安全，又可得到财富，甚至是足以使你致富的财富。不管怎么说，只要你能让你的法宝——积极的心态——很好地影响你。"

亨利先生是靠工资生活的雇员，然而他得到了财富。几年前当他退休时，他说："现在我想要做的事，就是花时间使我的钱为我赚钱。"

亨利先生所用的原则太平凡了，以致它常常不为人所注意。

亨利先生在阅读《巴比伦之首富》的时候发现，财富是可以获得的，只要你遵循以下几个原则：

一、从你赚得的每1美元中节省下10美分。

二、每六个月把你的储蓄和利息或这种储蓄投资时所得的利润拿去投资。

三、当你投资时，你要听取行家关于安全投资的忠告，这样你就不致因冒险而丧失你的本金。

让我们再重复一遍，以上三条正是亨利的致富原则。老实人且想想这一点吧，从你赚得的每1块钱中节省1角钱，并进行安全投资，这样，你就能得到安全和财富。

你应当何时开始呢？现在就做！

现在让我们把亨利先生的经历同另一个人的经历做个对比，这个人有健康的身体，并且读过一本励志书。当他被介绍给拿破仑·希尔时，他已50岁了。

他笑着对希尔说："多年前我就读过你的《思考致富》，但是现在我还是不富裕。"

拿破仑·希尔笑起来了。然后他严肃地答道："你能富裕，你的前程远大。你必须预先作好准备。为了利用可以利用的机会，你首先必须培养积极的心态。"有趣的是，这个人确实很注意希尔的忠告。五年后，这个人还是不富裕，但他已发展了积极的心态，摆脱了贫穷。他原先欠债好几千美元，在这五年期间，他偿还了债务，并且已经开始用他所节约的钱从事投资。

当他再研究《思考致富》这本书时，他真正地学会认识和应用这本书所提出的原则。

所以，读书是远远不够的，关键在于，要培养积极的心态，这才是你成功的前提。

老实人羞于向别人借钱

老实人向别人借钱，总觉得难以启齿，其中有些不大好意思的感觉。其实，向别人借钱应当直截了当地提出来，不必啰里啰唆地向对方解释这解释那。对方愿意的话，你不用多说他也会借给你。反之，即使你有纵横家的口才也不能帮自己借到一分钱。你直接提出借钱，对方不答应，你只要说声"没关系"也就是了，谈不上什么尴尬、下不了台。如果你先讲了一大堆借口，对方却依旧拒绝了，这样反而使双方都很尴尬。借钱给对方时，双方应先协商好还钱日期和利息等事项，这样就不至于让对方产生"受人施舍"的感觉，心理上的障碍就可以顺利地排除，朋友之间也不至于会出现裂痕。

对我们大多数人来说，伸手向人借钱是一件十分难堪的事。这主要是因为我们"缺钱花是不体面的"这种心理在作怪。在这种心理作用下，向人借钱时，总是不好意思开口。

在向人借钱之前，先做一番充分的思想准备，包括怎样拉开话题，怎样过渡到借钱之事上来等多方思考。而当真正面对借钱对象时，却觉得最要紧的那句话犹若千钧重担压住了舌尖，难以吐出。结果，彼此都道"再见"了，还是没提借钱之事！

有些人则有他们的"绝招"。向人借钱时，总要竭力掩饰缺钱花的真相，非要编出些"体面"的借口才行，诸如"××借了我的钱到了期仍未归还"啦；"我银行里有钱，但取款不方便。先向你借一点，过几天薪水来了就给你"啦；"这次出门钱带少了点"啦，等等等等，举不胜举。

"其实，这些借口都是毫无必要的。"卡耐基曾这样对人们说，"你借钱的对象并不介意这些，他们十分明白你是在为自己找台阶下，以挽回些面子。他（她）若愿意帮助你，是不会追究你缺钱的原因的，也不会因为你向他（她）借钱就小看你。如果他（她）要蔑视你的话，你找借口，他（她）反倒在心里讥笑你。"因此，借钱时，无须绕弯子，不妨开门见山地直接提出来。

老实人只靠工资生活

老实人只靠一点死工资，手头常常拮据，他们从来不想办法，更不会利用业余时间捞点外快。

下面让我们看看"不老实"的张利是怎么利用业余时间使自己的腰包鼓起来的。

张利大学毕业后，分到一家公司搞图文设计，每个月屈指可数的薪水令他头疼不已。朋友聚会、与恋人外出游玩，这都是一笔不小的开销。跳槽、下海？前途深不可测，有没有既不舍弃眼前这份稳定工作，又能额外捞钱的好主意呢？后来，他买了一台电脑，利用自己的特长，在业余时间揽一些封面设计的活干。没想到在收入增加的同时，也结识了不少客户，闯出了一些名气。后来，他自己开了个设计公司，凭借以前建立的关系，生意相当不错。

赚钱是充满冒险的营生，搞不好就要鸡飞蛋打，即使是赚钱老手也同样要担几分风险。有没有办法减少风险呢？有专家曾总结出在赚钱过程中减少风险的三个机宜，你可以参考借鉴。

一、不急于辞去工作

好多年轻人一旦有了好主意，就迫不及待地辞去眼下的工作。他们刚开始真可谓是踌躇满志，可没几个月，他们就会走向破产，因为仅有的一点资金很快就消耗殆尽，却没有或很少有别的收入来填补空缺。因此，为了减少冒险，请不要急于辞去现在的工作，还是在业余时间致力于你的好主意吧。这样做的好处在于：

1. 正常收入不受损失。

2. 你的工资收入是资金的可靠来源。

3. 失败不会影响你的正常收入。

4. 许多赚钱的好念头将来自于你的工作、你的朋友和你的经历。

5. 你的业余收入可以作第二次投资之用，因为你的正常收入能维持家用。

6. 当你的资金、创业经验已可够使用时，就可以辞去工作，独立创业了。

二、鸡生蛋

业余赚钱有时也需投资，如炒股、集邮等。当资金不足需借钱时，请注意以下几点：

1. 寻求最低利率和最低贷款费用。

2. 搞清楚你支付的利率是多少。

3. 尽可能求得最长的还款期限。

4. 每月尽可能归还最小的数额。

5. 避开骗子和可疑的家伙。

6. 搞清楚你所借金钱的确切数额。

7. 安排和贷款者交谈一次。

8. 预先准备和贷款者的交谈内容——你需要钱的原因和所需的数额。

9. 去申请贷款时，穿得整洁些。

10. 借钱只为赚取职业外收入，不要浪费在偶然的小利上。

11. 在你未读过贷款单之前，不要在上面签字。

12. 如果你能把钱投在其他有利可图的地方，就不要过早地还清贷款。

13. 不要耽误最后还清贷款的时间。准时清偿有助于提高你的借贷信誉。

"不把所有的鸡蛋放在同一个篮子里"，能有效分散风险，因而被投资者奉为经典。

如果几个职业外收入方案能同时发挥作用（例如既炒股又集邮还向朋友投资），你赚大钱的概率就要高得多。多个方案会使你一直兴趣十足并保持巨大的创造力；你基本上不会因兴趣消失而抛弃你的赚钱目标。你会通过每一个新方案来拓宽你的阅历，从而能够更好地把业余时间转化为你一天中最有收获的时间。

业余赚钱会为你单调拮据的生活增添好多乐趣，但千万注意，不可顾此失彼，在你的业余赚钱还没有成为正业之前，最好不要影响和忽略了本职工作。在你羽翼未丰之前，那份工作毕竟是你安身立命的最基本的途径。

老实人不会筹集资金

资金问题常使想独立创业的老实人止步不前。没有资金是每个创业者面临的困难，有人头脑灵活，想办法东挪西凑，筹集到了本钱；而老实人一是羞于面子，不肯求爷爷告奶奶，二是头脑呆板，不灵活，找不到本钱，只好作罢。怎样才能筹集到创业资金呢?

文滨原来在一家公司当货车司机。他很想自己开一家运输公司，可惜没有资金。于是，他邀请另外两位司机朋友一起干。他们三个人的钱加起来只够买一辆车。车买回来后，他们用这辆车去向银行抵押贷款，又买回一辆车。他们再用第二辆车去向另一家银行抵押贷款，又得到买一辆车的钱。这样，他们的运输公司就办起来了。几年后，他们已拥有十几辆车，而且还清了一切债务。

下面为老实人提供几种筹集资金的方法：

一、要赚钱先省钱

如果想创业，就要养成勤俭节约的习惯，尽量增加自有资金。增加自我积累，是筹措资金的首要渠道。实践证明，只有充分合理地运用自有资金，使生产不断发展、盈利水平不断提高，才能形成"生产—积累—再生产—再积累"的良性循环，资金才能取之不尽，用之不竭。这一点老实人是能做得到的。

二、向亲戚朋友借钱

这是一般人创业时最容易想到的方式，但事实上不宜轻用，弄不好会弄得亲戚朋友怨声载道，以后就不好相处了。在开口前，应让借钱人知道钱的用途，让他们确信自己有还钱能力，而且，不管发生什么情况，这笔钱都一定会归还。

三、吸引他人合资

个人的资金总是有限的，如果能把别人的资金汇合起来，那就可以筹措到一笔较大的资金了。股份合资可采用少量人的合股，一般由二三人组成。

四、向银行申请贷款

现代人要打破只依靠"自有资金"经营的传统观念，树立借贷经营的金融观念。在市场经济条件下利用银行贷款经营是对自有资金经营的一个最好补充。老实人常常担心贷款容易，可以后怎么还？万一亏了怎么办？

前往银行说明贷款的有关情况，银行借贷人员要对借贷人进行调查，内容包括：

1. 借贷人现有的资金情况，偿还能力的大小，从而决定贷多贷少。
2. 借贷人借款用于何处，是否用于正当渠道。
3. 贷款人业务范围大小及以后的赢利预测。
4. 贷款是否挪用，从而决定继续贷款或拒绝贷款。
5. 贷款有无担保人，担保人有否偿还能力。

五、典当借款

在中国土地上禁绝了近40年的典当行业，在市场经济的大潮中又悄然而起了。

典当是银行信贷的必要补充，个人典当者这样认为：向亲友借钱，全凭关系远近亲疏，搞不好还要闹僵。进当铺，起码少欠一份"人情"。

六、租赁

租赁是一种契约性协议。它一般分为经营租赁和金融租赁两类。经营租赁是指房屋建筑、机器设备、仪器仪表以及运输工具等的租赁。金融租赁是专门解决资金问题而采取的租赁，亦称融资租赁。租赁作为筹资渠道，好处在于开始不必筹措大笔资金去购置固定资产，只要支付为数不大的租金就可获得所需设备，做到边生产，边创利，边还租金。

老实人害怕冒风险

老实人总是前怕狼后怕虎，瞻前顾后害怕跌跟头，因此他永远不会跑起来去赚钱。缺乏勇气，害怕风险，使老实人犹豫不决，不敢投资，结果与致富失之交臂。

下面这个故事老实人应该好好体会一番。

周明在某山区县一家国有厂工作，他看见下岗做生意的人越来越多，便辞职下海，开了一家装潢店，专做牌匾，赚了一些钱。后来，他见装潢店越来越多，估计以后生意难做，便改做花篮，这在本县还是第一家，因此生意兴隆。别人见做花篮赚钱，也纷纷跟上。周明立即转向，开了一家室内装饰装潢公司。由于那阵子盖新房的很多，周明又赚了不少钱。现在，虽然新开的装修公司很多，但周明的公司早已成为实力雄厚，专揽大工程的大公司了，那些小老板已不是他的对手了。

"无风险不成生意。"生意风险是每个创业者重点考虑的问题。所谓风险，是指企业在采取某项行动时，事先不能完全肯定会产生某种后果，只能知道可能产生的几种后果以及每一种后果出现的概率。概率就是用来表示随机事件发生的可能性大小的一个量。

风险与利益并存。在通常情况下，企业的经营风险与盈利是成正比的。逃避风险便意味着逃避利益。而发现风险，避开风险损失，找到隐藏在风险背后的利益，则是成功的必然途径。

以下是创业者较常遇到的一般风险：

一、买方或卖方的风险

当一宗交易签约后，对于买方或卖方都有风险。对卖方来说，他们签订一份合同后，就着手按照合同要求把产品生产出来。从这时开始，就面临着买方不按时履约或不履约及不付货款的风险，从而产生货物的积压损失。对买方来说，也同样面临着卖方不能按质、按量、按时交付合同所规定的商品，从而打乱经营计划，蒙受经济损失的风险。

二、买方或卖方本身的风险

这类风险指买方企业或卖方企业，当签完交易合同后，由于本企业自己决策的失误，比如市场调查不透彻，计划安排不周全，经营管理不善，

资金供应不足或其他原因，导致不能按时履约或无法履约，从而招致对方提出索赔的风险。

无论来自何方的风险，对刚刚起步的企业来说，都可能造成灭顶之灾，这就需要我们睁大眼睛，多学些识别创业风险的经验，把一切可能遇到的风险，降到最低点，并防患于未然。

我们不提倡盲目投资，我们提倡的是一种勇敢精神。一味小心谨慎，逃避风险，你将与"致富"无缘。

老实人放不下面子去赚小钱

老实人太爱面子，别人不屑一顾去做的事，他们也不会去做。其实，这是错误的看法。如果想做一个成功的人，首先要摧毁面子，先做"龟孙子"，不齿于求人，不齿于做别人不屑一顾的事。

桥头镇，地处浙江省永嘉县境内。自古以来，这里地少人多，到80年代，人均耕地只有2分8厘了。但这里，却有一个可以与东方香港珠宝中心，可以与西方布鲁塞尔国际珠宝中心相媲美的"纽扣王国"。在桥头镇，贩卖纽扣的摊位共有1000多个，售出的纽扣共有十几个系列，3000多个品种，几乎包括了全国200多家纽扣厂的所有品种。这里的销售量，说来令人吃惊。而更令人难以置信的是业主创下如此规模，起步之初却得益于厚着脸皮捡"破烂"。

事情得从1982年说起。

当时，一个弹棉工在苏州附近的一家纽扣厂的废料堆里捡来了不少纽扣，色彩鲜艳夺目，五光十色，造型别致奇巧，令人眼花缭乱。

"这种东西一定能赚钱！"

这种意念在弹棉工脑海中闪过。他捡了许多纽扣带回镇上贩卖，果然生意奇佳，销路极好。于是他便主动找上门来，和纽扣厂联系，专营批发。那阵子，工厂的产品积压，工人连工资也发不出，有人找上门来自愿推销产品，正是求之不得的好事，双方一拍即合。于是，弹棉工分文不掏便做起了纽扣批发商。一年来，居然赚了不少钱。

再过了几年，这里便发展成了"纽扣王国"，那位弹棉工也因此大发其财。

这种事情好像天上掉下大馅饼一样。殊不知，要不是当初弹棉工厚着脸皮捡起纽扣来卖，就不会有今天的桥头镇的"纽扣王国"。可见放下面子，忍辱负重，无疑是无本发财的又一要义。

第四章　墨守成规难成功——老实人的事业

　　老实人的成功比别人多了一道障碍，那就是他们自己。老实人经常只会埋怨，嘴边总有太多的"可是"。老实人常常被困在有名无名的忧愁之中，生活中仿佛没有晴天，饭吃不香，干工作没劲头，干事业没信心。老实人不能正确地对待别人，也不能正确地对待自己。他们见别人做出了成绩，就认为那有什么了不起，甚至想尽千方百计贬损诋毁别人；见到别人不如自己，又冷嘲热讽，耻笑别人。老实人在处理大问题时，好意气用事，我行我素，主观武断。老实人安于本能享受，他们的眼睛和耳朵面对喧嚣的世尘而无惊无扰，他们的心灵能够夜以继日地睡眠，并自由自在地做那些天花乱坠的白日梦。老实人好墨守成规，他们习惯于某种固定的模式，他们经常说："我过去做得挺好啊，为什么要变？"他们丝毫没有察觉，其实，失败往往就从现在开始。

老实人爱说"可是"

老实人经常只会埋怨，爱说出一堆"可是……"的理由而不是立刻去行动，因此他们担心的一切，只会继续而不会得以解决。

汤姆和杰克逊是邻居。他们的家坐落在离小村二里远的山坡上，那里空气清新，景色宜人，而且每到春夏交替的日子，山花与松叶所散发的清香就会弥漫整个山谷，惬意极了。然而美中不足的是，在通往他们两家的路上，有一棵胡杨树挡在路中，每次开车路过时，他们不得不小心翼翼地绕过它。

一天汤姆和杰克逊在路上相遇了，他们商量要把这棵树砍掉，为了尽早解除麻烦，最好明天就动手。

"可是……可是我明天要到明尼苏达去，我有一项非常重要的公务！"汤姆说。

"那么就过几天好了，我想我们会干得很好的！"杰克逊耸了耸肩说。

然而事情的发展并没有像杰克逊所预想的那样。几乎每次谈到这件事，他们都会有一些意外的事情要去处理，就这样，日子一天天地过去了，一年两年、五年、十年、二十年……当他们已是须发斑白的时候，两个老人再次在树旁相遇了。

"老伙计，我们真的应该把它砍掉了，要不然琳达和凯森他们会在这出事儿的。看，这家伙的体形越来越大了，占据了半条路的空间。"杰克逊望着已经长得粗壮如柱的胡杨树说。

"是啊，这么久了，我们还是没有砍掉它，这回我们该用锯子锯喽！"汤姆边说边蹒跚着向家里走去，他决心用那把小钢锯锯断它。

可是，由于他们年老体衰，根本再也拉不动那把小钢锯了！

在我们的现实生活中，为一点点小理由而放弃今天的工作的事比比皆是，要知道，那些由"可是"而找出来的理由，只会让我们失去处理问题的最佳时机，除此以外，不会给我们带来任何好处。

"我很想辞职，这份工作不适合我，可是……"一位性格内向，为人老实的朋友苦恼地告诉迈克，她的工作令她如何精疲力尽。

迈克细心地听着她的苦恼，忍不住打断她，问她："既然这个工作令你这样痛苦，那你想改变它吗？"

"改变？你是什么意思？"朋友迷惘地问着。

"辞了这份工作，去做令自己能发挥才能的工作。"迈克肯定地说着。

朋友咽了一下唾沫，吞吞吐吐地说："可是……我不知道自己能做什么，而且工作那么难找，我还得养家。"

"可是？问题是你不喜欢这个工作，那何必令自己痛苦？生命不该是这样的！"迈克说。

"可是我得生活啊，生活是很无奈的，为了生活总得被迫做出些牺牲。"朋友愁苦地说着。

"我倒认为做能让自己快乐的事，才能发挥所长。"迈克告诉朋友，有关于他的意见。

朋友狠狠地说："你不同啊！你当然可以这样说，说得这样轻松，有几个人能像你这样幸运，做自己想做的事还能赚钱！我也想啊，可是……"

迈克没有再和这个老实人说下去，因为她给自己太多"可是"，而忘了别人也同样有许多的"可是"。

其实，迈克并没有像这个老实人说的那样幸运，在能做自己喜欢的工作前，迈克也做了许多他并不喜欢的工作。

在努力的过程中都是辛苦的，这些辛苦她没看见，却把自己的不努力，怪罪在别人太幸运里，这样的人，活在自我设限的生活中太久，也太习惯了。她要的不是改变，她要的只是一些认同，要别人去认同她自己也无法认同的事，来安慰软弱的自己。

老实人很可怜，但这种可怜是自找的。

试着抛开"可是"的理由和借口，改变现状，而不是活在愁苦之中！

老实人为小事所累

有些老实人常因为一些应该丢开和忘记的小事烦心。回顾自己的一生，你将发现自己很少会因为做了某事而感到遗憾。恰恰相反，正是那些没有做的事情才会使你耿耿于怀。

老实人常常被困在有名和无名的忧烦之中，它一旦出现，人生的欢乐便不翼而飞，生活中仿佛再没有了晴朗的天，真是吃饭不香，喝酒没味，干工作没劲，干事业没心，玩没意思。这一切，只因为他们陷入了多余的忧烦之中。

一、老实人为琐屑小事所拘泥

生命是这样短促，不能再顾及小事。

有一条大家都知道的法律上的名言："法律不会去管那些小事情"。一个老实人有时偏偏为这些小事忧虑，始终得不到平静。

荷马·克罗伊，是位写过多本好书的作家。以前他写作的时候，常常被纽约公寓热水管的响声吵得快发疯。蒸气会砰然作响，然后又是一阵噼啪的声音——而他会坐在他的书桌前气得直叫。

"后来"，荷马·克罗伊说，"有一次我和几个朋友一起出去宿营，当我听到木柴烧得很响的声音时，我突然想到：这些声音多像热水管的响声，为什么我会喜欢这个声音，而讨厌那个声音呢？我回到家以后，跟自己说：'火堆里木头的爆裂声，是一种很好听的声音，热水管的声音也差不多，我该埋头大睡，不去理会这些噪音。'结果，我果然做到了：头几天我还会注意热水管的声音，可是不久我就把它们整个的忘了。"

"很多其他的小忧虑也是一样，我们不喜欢却又格外在意，结果弄得整个人很沮丧，原因就是我们都夸张了那些小事的重要性……"

狄士雷里说过："生命太短促了，不能再只顾小事。"

"这些话，"安德烈·摩瑞斯在《本周》杂志里说："曾经帮我挨过很多痛苦的时光。我们常常因为一些小事情、一些本该不屑一顾和忘记的小事情而心烦异常……我们活在这个世上只有短短的几十年，而我们浪费了很多不可能再度拥有的时间，去愁一些在一年之内就会被所有的人忘记的小事。不要这样，让我们把时间用在值得做的事情和感觉上，去运用伟大的思维，去经历真正的感情，去做必须做的事情。因为生命太短促了，不该再顾及那些小事。"

就像吉布林这样有名的人，有时候也会忘了"生命是这样的短促，不能再顾及小事。"其结果呢？他和他的舅爷打了维尔蒙有史以来最有名的一场官司——这场官司打得有声有色，后来还有一本专辑记载着，书的名字是《吉布林在维尔蒙的领地》。

故事的经过情形是这样子的：吉布林娶了一个维尔蒙地方的女孩子凯洛琳·巴里斯特，在维尔蒙的布拉陀布罗造了一间很漂亮的房子，在那里定居下来，准备度过他的余生。他的舅爷比提·巴里斯特成了吉布林最好的朋友，他们两个在一起工作，在一起游戏。

然后，吉布林从巴里斯特手里买了一点地，事先协议好巴里斯特可以每一季在那块地上割草。有一天，巴里斯特发现吉布林在那片草地上开了一个花园，他生起气来，暴跳如雷，吉布林也反唇相讥，弄得维尔蒙绿山上的天都变黑了。

几天之后，吉布林骑着的他的脚踏车出去玩的时候，他的舅爷突然驾着一部马车从路的那边转了过来，逼得吉布林跌下了车子。而吉布林——这个曾经写过"众人皆醉，你应独醒"的人——却也昏了头，告到法官那里去，把巴里斯特抓了,起来。接下去是一场很热闹的官司，大城市里的记者都挤到这个小镇上来，新闻传遍了全世界。事情没办法解决，这次争吵使得吉布林和他的妻子永远离开了他们在美国的家，这一切的忧虑和争吵，只不过为了一件很小的小事：一车子干草。

平锐克里斯在以前说过："来吧，各位！我们在小事情上耽搁得太久了。"一点也不错，我们的确是这样子的。

下面是哈瑞·爱默生·傅斯狄克博士所说过的故事里最有意思的一个。故事讲述了森林里的一个巨人在战争中怎么样得胜、怎么样失败的经过。

"在科罗拉多州长山的山坡上，躺着一棵大树的残躯。自然学家告诉我们，它曾经有四百多年的历史。初发芽的时候，哥伦布刚在美洲登陆；第一批移民到美国来的时候，它才长了一半大。在它漫长的生命里，曾经被闪电击过14次；4百年来，无数的狂风暴雨侵袭过它，它都能战胜它们。但是在最后，一小队甲虫的攻击使这棵树倒在了地上。那些甲虫从根部往里面咬，虽然它们很小、但持续不断的攻损。渐渐损伤了树的元气。这样一个森林里的巨人，岁月不曾使它枯萎，闪电不曾将它击倒，狂风暴雨没有伤着它，却因一小队可以用大拇指跟食指就捏死的小甲虫而终于倒了下来。"

我们岂不都像森林中的那棵身经百战的大树吗？我们也经历过生命中无数狂风暴雨和闪电的打击，但都撑过来了。可是却会让我们的心被忧虑的小甲虫咬噬——那些用大拇指跟食指就可以捏死的小甲虫。

几年以前，一位朋友去了怀俄明州的提顿国家公园。和他一起去的是怀俄明州公路局局长查尔斯·西费德，还有其他的朋友。他们本来要一起参观洛克菲勒坐落在公园里的一栋房子的，可是他坐的那部车子转错了一个弯，迷了路。等到达那座房子的时候，已经比其他车子晚了一个小时。西费德先生没有开那座大门的钥匙，所以他们又在那个又热又有好多蚊子的森林里等了一个小时，等这位迷了路的朋友到达。那里的蚊子多得可以让一个圣人都发疯。可是它们没有办法赢过查尔斯·西费德。在等待迷路的朋友的时候，他折下一段白杨树枝，做成一根小笛子，当迷路者到达的时候，他不是忙着赶蚊子，而是正在吹笛子。

解除忧虑与烦恼，记住规则："不要让自己因为一些应该丢开和忘记的小事烦心。"

二、老实人把现实丢了

老实人你应该回顾自己的一生，你将发现自己很少会因为做了某事而感到遗憾。恰恰相反，正是那些你所没有做的事情才会使你耿耿于怀。

在我们的文化传统中，回避现实几乎成为一种流行性疾病。社会环境总是要求人们为将来牺牲现在。根据逻辑推理，采取这种态度就意味着不仅要避免目前的享受，而且要求永远回避幸福。难道不是吗？

幸福总是明日复明日，永远可望而不可及。

回避现实的表现形式多种多样，下面仅举三个有代表性的事例：

萨莉·福特太太决定到森林里去沉浸于大自然之中，享受一下目前的时光。可是到了森林里，她的思绪又游荡着，考虑起她在家里要做的各种事情……孩子、买菜、房间、账单等等，家里一切都好吗？有时，她的思想向前跳跃，考虑到她离开森林之后要做的种种家务。时间就这样在回忆过去或思考将来之中流逝掉了，在自然环境中享受现实的一个难得机会也丧失掉了。

桑迪·肖尔太太到海岛上去度假，她每天都到海边晒太阳，但她不是为了感受阳光照射在身上的乐趣，而是在预期着回家之后，朋友们看到她那红里透黑的皮肤会说些什么。她的思绪集中在将来的某一时刻，而当这一时刻到来时，她又会惋惜不能在海滨晒太阳了。

本·费中先生在阅读一本教科书，他强迫自己读下去。突然，他发现自己才读了三页，脑子就走神了。他完全不知道刚才读的是什么。他将现在的时光用于回想昨晚的电影或担忧明天的测验。"现在"是一种与你形影不离而又难以捉摸的时光，你若能使自己完全沉浸其中，便会享受到其中的美好。你应该充分享受现时的每分每秒。抓住现在的时光，因为这是你能够有所作为的唯一时刻。不要忘记，希望、期望和惋惜都是回避现实的最为常见的方法。

回避现实往往导致对未来的理想化。你可能会觉得，在今后生活中的某一个时刻，由于一个奇迹般的转变，你将万事如意，获得幸福。一旦你完成某一特别业绩，比如毕业、结婚、生孩子或晋升，生活将会真正开始。然而，当那一时刻真的到来时，往往是令人十分失望的。它永远没有你想象的那么美丽。回想一下你的第一次性生活。经过长时间的等待、期望之后，你并没有得到多么巨大的快感，反而可能会感到疑虑：人们为什么要在性生活问题上大做文章呢？

如果你也像托尔斯泰书中的伊凡·伊里奇那样，回顾自己的一生，你将发现自己很少会因为做了某事而感到遗憾。恰恰相反，正是那些你没有做的事情才会使你耿耿于怀。这里所含的结论是十分明显的：行动起来！珍惜现在的时光，不要放过一分一秒。否则，你便是以自我挫败的方式利用现在的时光，也就无异于永远地失去它。

老实人太偏激

一个人有主见，有头脑，不随人俯仰，不与世沉浮，这无疑是值得称道的好品质。但是，这还要以不固执己见，不偏激执拗为前提。

性格和情绪上的偏激，是做人处世的一个不可小觑的缺陷。三国时代，那位蜀汉寿亭侯关羽，过五关，斩六将，单刀赴会，水淹七军，是何等英雄气概。可是他致命的弱点就是刚愎自用，固执偏激。当他受刘备重托留守荆州时，诸葛亮再三叮嘱他要"北拒曹操，南和孙权"，可是，当吴主孙权派人来见关羽，为儿子求婚，关羽一听大怒，喝道："吾虎女安肯嫁犬子乎！"总是看自己"一朵花"，看人家"豆腐渣"，说话办事不顾大局，不计后果，导致了吴蜀联盟的破裂。最后刀兵相见，关羽也落个败走麦城、被俘身亡的下场。本来嘛，人家来求婚，同意不同意在你，怎能出口伤人、以自己的个人好恶和偏激情绪来对待关系全局的大事呢？假若关羽少一点偏激，不意气用事，那么，吴蜀联盟大概不会遭到破坏，荆州的归属可能是另外一种局面了。关羽不但看不起对手，也不把同僚放在眼里，名将马超来降，刘备封其为平西将军，远在荆州的关羽大为不满，特地给诸葛亮去信，责问说："马超能比得上谁？"老将黄忠被封为后将军，关羽又当众宣称："大丈夫终不与老兵同列！"目空一切，气量狭小，盛气凌人，其他的人就更不在他眼里，一些受过他蔑视侮辱的将领对他既怕又恨，以致当他陷入绝境时，众叛亲离，无人救援，促使他迅速走向败亡。

现实生活中，老实人不能正确地对待别人，也不能正确地对待自己。他们见到别人做出成绩，出了名，就认为那有什么了不起，甚至想尽千方百计诋毁贬损别人；他们见到别人不如自己，又冷嘲热讽，借压低别人来抬高自己。老实人处处要求别人尊重自己，而自己却不去尊重别人。老实人在处理重大问题上，意气用事，我行我素，主观武断。像这样的人，干事业、搞工作，成事不足，败事有余，在社会上恐怕也很难与别人和睦相处。

老实人看问题总是戴有色眼镜，以偏概全，固执己见，钻牛角尖，对人家善意的规劝和平等商讨一概不听不理。老实人怨天尤人，牢骚太盛，成天抱怨生不逢时，怀才不遇，只问别人给他提供了什么，不问他为别人贡献了什么。人们交朋友喜欢"同声相应，意气相投"，都喜欢结交饱学而又谦和的人。而老实人则总以为自己比对方高明，开口就梗着脖子和人家抬杠，明明无理也要搅三分，这样的人谁愿和他打交道？

所以偏激的老实人大多人缘很差。

性格和情绪上的偏激是一种心理疾病。它的产生源于知识上的极端贫乏，见识上的孤陋寡闻，社交上的自我封闭，思维上的主观唯心等等。对此，只有对症下药，丰富自己的知识，增长自己的阅历，多参加有益的社交活动，同时，还要掌握正确的思想观点和思想方法，才能有效地克服这种"一叶障目，不见泰山"的偏激心理。

无论是做人还是处世，头脑里都应当多一点辩证观点。死守一隅，坐井观天，把自己的偏见当成真理至死不悟，这是做人与处世的大忌，如果不认真纠正这种作风，就很可能使自己误入人生的困境而转不出身来。

老实人的惰性

生命是作什么用的？这不是人人都能够回答的。让生命有意义是一种活法，让生命没意义也是一种活法。有的人活得轰轰烈烈，热热闹闹，领略了一世的风采，也有的人活得空空寂寂，窝窝囊囊，老老实实，消磨了一生的无聊。前者所成顺理成章，后者所失必理所当然。

一、老实人安于本能的享受

一个老是寻找工具的人，肯定是一无所成的。有一位大师曾经说过，那种喜欢讲究稀奇的铅笔和颜料的人，在绘画上是很难出人头地的。

有一种享受，它可以让老实人的四肢在床榻上摆出他尽情舒服的姿势，可以让他的眼睛耳朵面对喧嚣的尘世而无惊无扰，可以让老实人的心灵夜以继日地睡眠，并且自由自在地做那些天花乱坠的白日梦…

这种享受将老实人封存于勤勉、奋斗和拼搏之外，与风雨无缘，与血汗不交，因为没有谁生来就乐意刻苦耐劳，精勤奋争。

这种享受，有一个让人听起来不太喜欢的名字，叫"懒惰"。

懒惰是一种享受，更是一种危机。

英国诗人、散文家、文学评论家约翰逊这样论述懒惰：

"有些人公开承认懒惰有其可取之处。他们自诩为懒人，正如剧中人巴四里斯'自诩为骄傲者'一样，他们自夸什么事都不做，而且还庆幸自己无事可做；他们每天要睡到不能再睡的时候，而起来的目的也仅在于作那种能使自己再睡的运动而已；他们用双层窗幔来延长黑暗的笼罩，永远也不愿看见太阳，而只'告诉太阳他们如何憎恨阳光'；他们的全部劳力无非是换一下如何方便于懒惰的程度与方式；他们白昼之不同于黑夜，只是白昼坐马车或椅子而夜里睡床而已。"

这班人真乃懒惰的公开支持者，懒惰为他们编织好罂粟花环，还把湮没之水倾入他们的杯中，于是他们进入了平静而愚钝的状态，忘怀一切，也被人遗忘。他们早已不复存在于人世，活着的人对于他们的死亡只能说，他们只是停止了呼吸罢了。

老实人总是处于准备状态，他们忙于先期筹措，准备计划，收集材料，为主要工作做准备。这些人的确都是受着懒惰的玄妙力量支配的。

他们整天缠于琐事，但做着的琐事只可引起好奇心而非焦虑，整个心情处于运动而悠闲的状态，而远非辛劳费力的苦况。

尽管懒惰本身是一种享受，但这种享受只是昙花一现，懒惰之后便是一无所有，痛苦迭至，甚至一生遗憾，连一点侥幸的余地都没有。因为人生中任何一种成功、任何一种幸福都始之于勤，而且成之于勤。

生命在于运动。由于懒散，四体不勤，饱食终日，即会大腹便便，脂肪堆身，脑血栓、高血脂之类的病魔便会追随而来；或者由于体力不耗而美味不香，导致营养失调，弱不禁风，到头来，只得缠绵病榻，望良辰美景叹奈何天。

"明日复明日，明日何其多！我生在明日，万事成蹉跎。世人若被明日累，春去秋来老将至。朝看水东流，暮看日西坠，百年明日有几时？请君听我《明日歌》。"这是明朝诗人对懒散者的最严肃的警告。

惰性，是人生的大敌。一个人一旦染上懒散的毛病，不仅会耽误眼前的事情，更会贻误终生。

二、老实人的依赖之心

马斯洛认为，一个完全健康的人的特征之一就是：充分的自主性和独立性。老实人遇事首先想到别人，追随别人、求助别人，人云亦云、亦步亦趋，没有自恃之心，不敢相信自己，不敢自行主张，不能自己决断，在家中依赖父母、爱人，害怕爱人出差，在外面依赖同事、依赖上司，就是不敢自己创造，不敢表现自己，这都意味着人格没有成熟，没有健全，取其名曰"依赖"，可算是另一种安然。

小时候父母包办过多，没有独立行动、自作主张的训练，吃饭、穿衣及日常起居没有较早地自己处理而让别人侍候，总是绕着妈妈的围裙转，不敢离开几步，于是直接形成了依赖心理，养成了惰性。

此外，父母所给予的凭借过多，几乎不用努力奋斗也能生活下去，这更是形成依赖心理、不能独立自恃、不能健全发展个性的重要原因。

处处依赖别人，白白地消费这个世界，没有创造和贡献给这个世界，甚至不能谋取维持自身生存的必需条件，更谈不上给妻儿父母什么幸福了。

不能独立地办成任何事情，便无从谈起操纵和把握自己的命运，命运只能被别人操纵。如果他们有利用的价值，人家便会利用他们。如果你的利用价值消失了，或者已经被利用过了，人家会把他们抛开，让他们靠边站。只因为他们太软弱无能，只因为他们的心目中只能相信别人，不敢相信自己，更不敢自信胜于他人。

依赖性强的老实人是一个可怜而孤独的人。他们四处碰壁，不被信任，不受欢迎，遭人鄙视，是依赖所导致的必然结果。依赖性强的老实人就好比是依靠拐杖走路的不健康人。

如果如此这般地度过一生，实在是枉为一生，太遗憾、太悲哀了。

其实，脱离对别人的依赖，独立地发展和锻炼自己，扔掉拐杖，走出成长的误区，并不是一件非常困难的事情。因为自己并没有比别人少一条腿，别人能够做成的事，自己也定能够做成。

建立充分的自信心是克服这一弱点，走出人生败局的精神支柱。

遇事，不要等别人拿主意，要自己设计、自己决断。

发表言论，不要附和别人的见解，要表现你自己的独到发现。不要跟着时髦走，不要追赶浪潮，要有领导潮流的勇气。不要总是看别人怎样穿衣怎样走路，要有自己的穿法，有自己的姿势和感觉。

困难面前，不要等待别人的援助，要自己想办法克服，挺过去。

有意把自己置于一个孤立无援的绝境，试验自己操纵命运的能力。

三、老实人的松懈情绪

难怪肖伯纳要说："人生有两出悲剧：一出是万念俱灰；另一出是踌躇满志。"

在人生的征途中，懒惰总会冷不防地侵袭你，干扰你，让你奋进的脚步停滞不前，甚至让你红火的事业功亏一篑，半途而废。

老实人经常这样抱怨："唉，算了吧，我不想再这么拼命干下去了。"

这是产生松懈情绪的明显表示。实际上是他们对自己此前努力拼搏的怀疑和否定。他们不认为此前为事业的奋斗有乐趣存在，他们的精神就会迅速松弛乃至崩溃下来。

要是他们再坚持一刻，熬过难关，也许他们就尝到了奋斗的乐趣，分享到了成功的喜悦。世界上的事情就是这样，成功在于坚持。

曾认识一位年轻人，8年前他曾经说："我要写出一篇可以产生轰动效应的小说来。"当时他的确有一股火热的激情，于是沉醉于斯，一气便写了2万多字，颇为自信地拿给朋友看，朋友觉得他的文学感受很好，语言技巧也不错。但故事构架平平淡淡，落入俗套，情节也有些不伦不类，不但不能产生轰动效应，一般的杂志甚至都难以接受。朋友仍怀极大的热情鼓励他，希望他打乱现有构架，重新设计故事中的某些细节。他却好似泄了气的皮球彻底瘪了，不想重新构思。他把这篇小说投了两家杂志均被退回。从此对写小说不再有强烈的兴趣，自信心也消失了。自那以后虽然也有过几次冲动，开过几篇小说的头，至今没有结果。后来便放弃了文学之路。

这位年轻人以他的文学基础及他的创造条件而论，他完全有才能在文学创作上取得成就，但可悲之处在于缺乏耐性，缺乏坚韧的意志，松懈情绪窒息了他的创造才能。

老实人以为自己一切都够了，何必永不知足，何必去贪得无厌呢？干了前半辈子就此止步，下半辈子轻轻松松、快快乐乐，岂不是很好吗？

要知道永不知足是人的良好的天性。人一旦知足，有一切都够了的感觉，也就意味着这个人宣判了自己的死刑。他此后的生命的存在便如同行尸走肉，不再有意义。再活一年与活十年二十年没有区别了。他只是在等死。

人生只是短暂的一瞬，生命的弓弦应该是紧绷不松的。生命不息，奋斗不止，应该是每个人生存的原则。

老实人的"怀才不遇"

一个人不管才干如何，都会碰上无法施展自己才干的时候，这时候千万要记住：即使你觉得自己"怀才不遇"，也不能明显地表现出来，你越是沉不住气，别人就越看轻你。

"怀才不遇"往往不是他人造成的，如果被你遇到了，可能是因为你没才！

"怀才不遇"好像成了老实人的一种通病，他们普遍的症状是，牢骚满腹，喜欢批评他人，有时也会显出一副抑郁不得志的样子，和这种人交谈，运气不好的时候，还会被他批评一顿。

当然，这类老实人中有的确是怀才不遇，由于客观环境无法与之适应，"虎落平阳被犬欺，龙困浅滩遭虾戏。"但为了生活，他们又不得不委屈自己，生活得十分痛苦。

难道现实中老实人都是如此吗？不，尽管有时出现千里马无缘遇伯乐，但如果他真是一匹千里马，一次错过伯乐，应该还有第二次遇见伯乐的机会、第二次错过了，还有第三次……老实人之所以出现一种不好的结局，大部分是因为自己造成的。有些人确实有才，但他们常自视清高，看不起那些能力和学历比较低的人，如今的社会人事复杂，并不是他有才气，就能成就大器。别人看不惯他的傲气，就会想办法修理他。至于上司，因为他的才干本来就会威胁到上司的生存，再加上他不懂得适度地收敛自己，生怕别人不知道他的才干，胡乱批评，乱说一气，那上司怎会不打压他，而让他出头呢？在人性丛林中，人与人之间的斗争大都是这么回事！最后的结局就是，他慢慢变成了一位"怀才不遇"者。

不管是有才还是无才，怀才不遇者真是人见人怕，一听其谈话，他就会骂人，开口就是批评同事、主管、老板，然后吹嘘自己多行，多么能干，听者也只好点头称是，要不然，他也许会骂到你的头上！

所以，最后的结果就是，"怀才不遇"之感越强的人，就越会把自己孤立在一个越来越小的圈子里，甚至无法与其他人的圈子相交。每个人都怕惹麻烦而不敢跟这种人打交道，人人视之为"怪物"，敬而远之！一个人如果给众人的不良印象已成定局，那么除非遇到贵人大力提拔，否则将永无出头之日，结果有的辞职了，有的外调，有的总是个小职员，有的则一辈子"怀才不遇"。

一个人不管才干如何，都会碰上无法施展自己才干的时候，这时候千万要记住：即使你觉得自己"怀才不遇"，也不能明显地表现出来，你越是沉不住气，别人就越看轻你。

老实人你们难道想就这样一辈子"怀才不遇"下去？下面几点不妨供选择参考：

一、请别人来客观地评估自己

有些情况下，旁人可能对我们了解得更加准确深刻。

人应该有一个自我评价的能力，如果你怕自己评估不大客观，可以找个朋友和较熟的同事帮助你一起分析，如果别人的评估比你自我评估的结果要低，那你就要虚心接受。有些情况下，旁人可能对我们了解得更加准确深刻，那何不接受他人的评价？

二、检查一下自己的能力为何无法施展

如果是人为因素导致你无法施展自己的能力，你可与人诚恳沟通，并想想是否有得罪他人之处。

是一时找不到合适的机会？还是受大环境的限制？还是人为的阻碍？如果是机会的原因，那继续等待机会不就行了吗？如果是大环境的缘故，那就离开这一环境好了。如果是人为因素导致你无法施展自己的能力，你可与人诚恳沟通，并想想是否有得罪他人之处，如果是，就要想办法与人疏通，如果你的骨头硬，那当然要另当别论！

三、亮出自己的其他专长

如果你有第二专长，可以要求他人给个机会试试，说不定又为你开辟一条生路。

有时候，怀才不遇者是因为用错了专长，他们确实有才，但用得不对，或者不是时候。如果你有第二专长，可以要求他人给个机会试试，说不定又为你开辟一条生路。

四、营造一种更加和谐的人际关系

谦虚客气，广结善缘，这将为你带来意想不到的助力！

不要成为别人躲避的对象，而应该以你的才干主动协助同事。但要记住，帮助别人时不要居功，否则会吓跑你的同事。此外，谦虚客气，广结善缘，这将为你带来意想不到的帮助。

五、继续强化你的才干

只有在你的能力和展示的时机都已成熟时，你才会闪烁出耀眼的光芒！

也许你是在某一方面有才，但可能由于才气不够，所以没让人看出来。这种情况下，你就应该更加强化自己这方面的能力，只有在你的能力和展示的时机都已成熟时，你才会闪烁出耀眼的光芒！别人当然会看到你。

不管怎样，你最好不要成为一位怀才不遇者，这样会成为你的一种心理负担，勤恳地做好自己的事，即使是大材小用，也比没用要好。慢慢从小处开始，你也许有一天能得到大用！

老实人常坐"冷板凳"

对于一个人来说，即使你能力再强、机遇再好，也不可能保证一辈子一帆风顺。

老实人总是为人作嫁衣，他们经常得不到他人的重用。有一个公司职员，他刚进公司时很受老板赏识，因为他忠厚老实，使老板很放心。但不知怎的，后来，他被老板"冷冻"起来了，他也不知道自己到底犯了什么错误。整整一年，老板不召见他，也不给他重新分配重要的工作。他只好忍气吞声地待着。

老实人为什么会坐上冷板凳呢？其中的原因确实很复杂，例如：

一、老实人自己本身能力不佳

当老板和同事感到你可有可无时，当然不可能重用你了。

只能做一些无关紧要的事，但也没差到必须让人开除的地步。因此，当老板和同事感到你可有可无时，当然不可能重用你了。

二、老实人经常出错或错误严重

如果你总是出错，或者犯的错误太大，让公司遭受的损失太重，这样就会让老板和同事对你失去信心。

在社会上做事不比在学校里求学，出了错向老师认错，然后再加以改正。当然工作中不可能不出错误，但如果你总是出错，或者犯的错误太大，让公司遭受的损失太重，这样就会让老板和同事对你失去信心，他们害怕冒更大的风险，所以只好暂时把你搁置一边！

三、老实人不会表现自己

不善于表现自己，自己的优点与能力经常不为人所知，留给别人的印象很平常，没有什么特殊的能力，只会干任何人都能干的事，别人容易轻视你，也就很难得到重用。

四、老实人人际关系差

只要你处于一个团队之中，就要面临人际关系的问题。要像干好自己的工作一样处理好与老板和同事的关系。而且有些团队关系复杂，小人险恶，这种地方你就得更加小心。如果你不善斗争，就很有可能莫名其妙地失势，并坐上冷板凳。

五、老实人不懂运用一些技巧和手段

不懂得运用一定的技巧和手腕，在处理各种事务上原则有余，圆通不足，很难建立自己的威信，也不容易使自己受到别人的欢迎。

其实，老实人坐冷板凳的原因还有很多，不必一一列举。问题是有些老实人一坐上冷板凳后，不去仔细思考其中的原因所在，只知道整日抱怨、意志消沉，长此下去，反倒害了自己。其实，与其坐在冷板凳上自怨自艾、疑神疑鬼，还不如调整好自己的心态，用行动向他人证实自己。

老实人不会求贵人帮助

有句话说"七分努力，三分机运"。我们一直相信"爱拼才会赢"，但偏偏有些老实人是拼了也不见得赢，关键可能在于缺少贵人相助。任攀向事业高峰的过程中，贵人相助往往是不可缺少的一环，有了贵人，不仅能替你加分，还能加大你成功的筹码。

你离乡背井，初到一个陌生的地方谋生，不知何处才是落脚之地，就在你感到茫然无助的时候，遇到一位好心人替你指点迷津，解决了你的难题。

除非你的运气特背，否则，在你的一生中，总会碰到几个贵人。例如，你在工作中一直不是很顺利，表现不佳，心灰意冷之余，你开始想打退堂鼓。你的一位上司却在这时候推了你一把，设法帮助你跨过了门槛，重燃你的斗志。

"贵人"可能是指某位身居高位的人，也可能是指令你心仪已久或欲模仿的对象，无论在经验、专长、知识、技能等各方面都比你略胜一筹。因此，他们也许是师傅，也许是教练，或者是引荐人。

有贵人相助，的确对事业有助益。有一份调查表明，凡是做到中、高级以上的主管，有90%的都受过栽培，至于做到总经理的，有80%遇过贵人，自当创业老板的，竟然100%全部都曾被人提拔过。

不论在何种行业，"老马带路"向来是传统。目的不外乎是想栽培后进，储备接棒人才。这些例子在运动界、艺术表演界、政治界颇多。

有人说，政治圈是讲究人脉、关系现象最盛的，各路人马结党结派毫不鲜见。谁是受谁提拔的，谁和谁相互帮忙，谁跟谁彼此利益输送。若论起每个人的背景来头，几乎都有稳当有力的靠山撑腰，好像少了这层保护罩，就很难在复杂的政治圈里出头露面。

话虽如此，没有贵人比较难成气候，但若要被贵人"相中"，首要条件还是在于，被保送上垒的人究竟有没有两下子。俗话说，师父领进门，修行在个人。如果你老实巴交一无所长，却侥幸得到一个不错的位置，保证后面一堆人等着想看你的笑话。毕竟，千里马的表现好坏与否，代表伯乐的识人之力。找到一个扶不起的老实人，对贵人的荐人能力，也是一大讽刺。

除了真正是基于爱才、惜才之外，一般而言，贵人出手，多少都带有一些私心，目的在于培养班底，巩固势力。但也有一旦接班人羽翼丰盈之后，立刻另筑它巢，导致与师傅失和，反目成仇，这类故事自古至今屡见不鲜。

良好的"伯乐与千里马"关系，最好是建立在彼此各取所需、各得其利的基础上。这绝不是鼓励唯利是图，而是强调彼此以诚相待的态度，既然你有恩于我，他日我必投桃报李。

老实人干事业总爱单枪匹马，其实完全可以寻找一位"贵人"，以下是必须谨记的。

一、选一个你真正景仰的人，而不是你嫉妒的人。绝不要因为别人的权势，而琵琶别抱，另搭顺风车。

二、摸清贵人提拔你的动机。有些人专门喜欢找弟子为他做牛做马，用来彰显自己的身份。万一出了事，这些徒弟不仅捞不着好处，还可能成为替罪羔羊。

三、要知恩图报，饮水思源。有些人在受人提拔，功成名就之后，往往就想双手遮掩过去的踪迹，口口声声说"一切都是靠我自己"，一脚踢开照顾过他的人。如果你不想被别人指着鼻子大骂"忘恩负义"，可千万别做这种傻事！

有了"贵人"的提携，加之个人的能力与努力，你一定比别人捷足先登成功之梯。

老实人好墨守成规

老实人总是在遭遇很大危机的时候，才想到要改变，但到了这一步已经太晚了，应该未雨绸缪，在最好的时候，发展最快、最得意的时候，就要考虑改变。老实人最可怕的心态是，习惯于某一种固定的模式就认为："我过去做得很好啊！为什么要改变？"他们丝毫没有察觉，其实，失败往往就从现在开始。

老实人并没有预见未来，他们只相信现在看到的，认为现在已经做得很好了。

但是，过去的成就只需留下脚印，而不是让我们感到自满。如果你想改变，却遇到阻力，别人不相信你，最好的方法就是做给他看！

有句话说，最大的风险是不敢冒险，最大的错误是不敢犯错。大多数的老实人之所以不敢冒险，也不敢犯错，因为他们只相信看得见的事。那些他们还没见到的事，他们习惯用经验去分析，而经验告诉他们的答案往往令他们不敢轻举妄动。

成功者之所以成功，因为他们善于打破传统，自创方法，并使得结果完全改观。当愈多的人说"不"的时候，也许就是他们改变的时机到了。

你经常观察小孩子玩游戏吗？如果你仔细观察就会发现，小孩子玩游戏的时候，总是喜欢变更规则、界线、角色和游戏方式。他们花在翻新游戏的时间，甚至比实际游戏的时间还多。大多数小孩不喜欢受人限制，不喜欢千篇一律，喜欢不停地创新、再创新。

研究行销管理的专家们曾经提出过一个观点：竞争会造成限制。这个意思是说，传统上一般人习惯用"硬碰硬"的方式与人正面竞争，但是这种短兵相接的方式并不见得是最有效的制胜之道，反而会限制成功。因为当你正面去竞争的时候，等于你完全认同这个游戏，并愿意遵守某些固定的规则与观念，你的思想就会受制于某一个框框，反而阻碍你发挥自己的创造力。

绝大多数人宁愿相信，遵守既定规则是非常重要的概念，否则，如果人人都想打破规矩，岂不是天下大乱？然而，管理专家强调，这只是一种鼓励突破思考的方法，让你更精确、有效地达成目标。换句话说，"要打破的是规则，而不是法律"。

通常情况下，具有突破性思考特征的人，他们和旧式的行业规则格格不入，对每件事都产生质疑，不喜欢墨守成规，偏爱自由游荡。这也是为什么说"最具突破思考力的是小孩子"的最好理由。

专门从事运动心理学研究的美国斯坦福大学教授罗伯特·克利杰在他的著作《改变游戏规则》中指出："在运动场上，很多运动选手创造的佳绩，都是因为打破了传统的比赛方法。"杰出的运动选手普遍具有这种"改变游戏规则"的特征。

根据罗伯特·克利杰的结论：突破思考是一种心态，可以鼓励人不断学习，不停地创造，所以，如果你想改变习惯，尝试新的挑战，那就突破规则，改变游戏方法吧！

所谓改变游戏规则，就是要掌握主控权。要改变规则不难，关键在于有没有求变的决心。一般人遇到没有把握的状况常常会犹豫，所以说人最大的敌人是自己。通常情况下，你决定"变"还是"不变"的标准是，如果你从以前的经验中找不到任何成功的例子，你就做最坏的打算——可以赔多少？只要赔得起你就做，更何况它可能会赢。

是否求变，还有一个规则：愈是有多人说不，就愈该改变。在1993年美国大选中，克林顿曾经说过一句话："我们要改变游戏规则……"而布什总统却说："我有丰富的经验！"也许布什落败的一个重要原因是输在"往后看"，而不是"向前看"。

成功的人通常具有一种特征：喜欢做梦，而且不怕尝试错误。他们相信，心中的梦是支撑他们勇往直前的力量，而不怕犯错，才能累积成功的资本。因为有了梦想，所以他们对失败与风险能持乐观的看法。而且，这些成功的人，通常是成功了两次——他们在潜意识里相信自己已经成功，然后他们真的就成功了！

人的潜力，很多是被后天的环境框死的。这话怎么说呢？我们知道很多的游戏规则是我们自己订的，结果这些规则反而使我们丧失了创造力。

因此，老实人一定要记住：做任何事没有规则不行，但过于因循守旧、墨守成规也不行，适当之时，要善于改变众人所循的规则。

老实人总是让别人先抢走机会

大凡成大事者，无不慧眼辨机，他们在机会中看到风险，更在风险中逮住机遇。

敢冒风险的人才有最大的机会赢得成功。

对那些随遇而安的老实人来说，机会在他面前出现时，他也会把握不住。

"机不可失，失不再来。"老实人也说这句话，但有老实人只有等到机会从身边溜走之后，才恍然大悟，如梦初醒，急得上蹦下跳。机遇对任何人都是公平的，关键要看你是否是一个有心人。那些成大事者自然是捕捉机遇、创造机遇的高手，而且他们惯于在风险中猎获机遇！

如台风带来海啸一般，机遇常与风险并肩而来。老实人看见风险便退避三舍，再好的机遇在他眼中都失去了魅力。老实人往往在机会来临之时踌躇不前，瞻前顾后，最终什么事也干不成。我们虽然不赞成赌徒式地冒险，但任何机会都有一定的风险性，如果因为怕风险就连机会也不要了，无异于因噎废食，"爷爷倒脏水连孩子一块倒掉了"。

美国金融大亨摩根就是一个善于在风险中投机的人。

摩根诞生于美国康乃狄格州哈特福的一个富商家庭。摩根家族1600年前后从英格兰迁往美洲大陆。最初，摩根的祖父约瑟夫·摩根开了一家小小的咖啡馆，积累了一定资金后，又开了一家大旅馆，既炒股票，又参与保险业。可以说，约瑟夫·摩根是靠胆识发家的。一次，纽约发生大火，损失惨重。保险投资者惊慌失措，纷纷要求放弃自己的股份以求不再负担火灾保险费。约瑟夫横下心买下了全部股份，然后，他把投保手续费大大提高。他还清了纽约大火赔偿金，信誉倍增，尽管他增加了投保手续费。投保者还是纷至沓来。这次火灾，反使约瑟夫净赚15万美金。就是这些钱，奠定了摩根家族的基业。摩根的父亲吉诺斯·S·摩根则以开菜店起家，后来他与银行家皮鲍狄合伙，专门经营债券和股票生意。

生活在传统的商人家族里，经受着特殊的家庭氛围与商业熏陶，摩根年轻时便敢想敢做，颇富商业冒险和投机精神。1857年，摩根从德哥廷根大学毕业，进入邓肯商行工作。一次，他去古巴哈瓦那为商行采购鱼虾等海鲜归来，途经新奥尔良码头时，他下船在码头一带兜风，突然有一位陌生白人从后面拍了拍他的肩膀："先生，想买咖啡吗？我可以出半价。"

"半价？什么咖啡？"摩根疑惑地盯着陌生人。

陌生人马上自我介绍说："我是一艘巴西货船船长，为一位美国商人运来一船咖啡，可是货到了，那位美国商人却已破产了。这船咖啡只好在此抛锚……先生！您如果买下，等于帮我一个大忙，我情愿半价出售。但有一条，必须现金交易。先生，我是看您像个生意人，才找您谈的。"

摩根跟着巴西船长一道看了看咖啡，成色还不错。想到价钱如此便宜，摩根便毫不犹豫地决定以邓肯商行的名义买下这船咖啡。然后，他兴致勃勃地给邓肯发出电报，可邓肯的回电是："不准擅用公司名义！立即撤销交易！"

摩根勃然大怒：不过他又觉得自己太冒险了，邓肯商行毕竟不是他摩根家的。自此摩根便产生了一种强烈的愿望，那就是开自己的公司，做自己想做的生意。

摩根无奈之下，只好求助于在伦敦的父亲。吉诺斯回电同意他用自己伦敦公司的户头偿还挪用邓肯商行的欠款。摩根大为振奋，索性放手大干一番，在巴西船长的引荐之下，他又买下了其他船上的咖啡。

摩根初出茅庐，做下如此一桩大买卖，不能说不是冒险。但上帝偏偏对他情有独钟，就在他买下这批咖啡不久，巴西便出现了严寒天气。一下子使咖啡大为减产。这样，咖啡价格暴涨。摩根便顺风迎时地大赚了一笔。

从咖啡交易中，吉诺斯认识到自己的儿子是个人才，便出了大部分资金为儿子办起摩根商行，供他施展经商的才能。摩根商行设在华尔街纽约证券交易所对面的一幢建筑里，这个位置对摩根后来叱咤华尔街乃至左右世界风云起了不小的作用。

这时已经是1862年，美国的南北战争正打得不可开交。林肯总统颁布了"第一号命令"，实行了全军总动员，并下令陆海军对南方展开全面进攻。

一天，克查姆——一位华尔街投资经纪人的儿子，摩根新结识的朋友，来与摩根闲聊。

"我父亲最近在华盛顿打听到，北军伤亡十分惨重！"克查姆神秘地告诉他的新朋友，"如果有人大量买进黄金，汇到伦敦去，肯定能大赚一笔。"

对经商极其敏感的摩根立时心动，提出与克查姆合伙做这笔生意。克查姆自然跃跃欲试，他把自己的计划告诉摩根："我们先同皮鲍狄先生打个招呼，通过他的公司和你的商行共同付款的方式，购买四五百万美元的黄金——当然要秘密进行：然后，将买到的黄金一半汇到伦敦，交给皮鲍狄，剩下一半我们留着。一旦皮鲍狄将黄金汇款之事泄露出去，而政府军又战败时，黄金价格肯定会暴涨；到那时，我们就堂而皇之地抛售手中的黄金，肯定会大赚一笔！"

摩根迅速地盘算了这笔生意的风险程度，爽快地答应了克查姆。一切按计划行事，正如他们所料，秘密收购黄金的事因汇兑大宗款项走漏了风声，社会上流传着大享皮鲍狄购置大笔黄金的消息，"黄金非涨价不可"的舆论四处流行。于是，很快形成了争购黄会的风潮。由于这一抢购，金价飞涨，摩根一瞅火候已到，迅速抛售了手中所有的黄金，趁混乱之机又狠赚了一笔。

这时的摩根虽然年仅26岁，但他那闪烁着蓝色光芒的大眼睛，看去令人觉得深不可测；再搭上短粗的浓眉、胡须。会让人感觉到他是一个深思熟虑、老谋深算的人。

此后的一百多年间，摩根家族的后代都秉承了先祖的遗传，不断地冒险，不断地投机，不断地暴敛财富，终于打造了一个实力强大的摩根帝国。

机会常常有，结伴而来的风险其实并不可怕。就看你有没有勇气去逮住机遇。敢冒风险的人才有最大的机会赢得成功。古往今来，没有任何一个成大事者不曾经过风险的考验。因为，不经历风雨，怎能见彩虹，不去冒风险，又怎能把握住人生的关键呢。

机会稍纵即逝，犹如白驹过隙，当机会来临，善于发现并立即抓住它，要比貌似谨慎的犹豫好得多，犹豫的结果只能错过机遇，果断出击是改变命运的最好办法。

老实人要想拥有反省自我的方法——从错误中寻找正确。圣经的法则是：不要让别人先抢走机会。

老实人不积极

不积极是阻碍老实人成功的主要因素。

每个人都有优点，正像每个人都有缺点一样。我们要在生活中充分注意到自己的优点。

对自身能力抱有信心的人比缺乏这种信心的人更有可能获得成功。

走出消极情绪是摆脱苦恼的一种办法。那些成大事者总是把消极情绪视为自己成大事的绊脚石。

他们在现实生活中所产生的消极情绪，原因不在于别人，而正在于他们自己。

有人对消极情绪做了一次初步统计，得出人大致有54种消极情绪和表现。一个消极的表现，足以毁坏我们生活的某一个方面，甚至对整个人生历程产生巨大的不良影响。

一、老实人害怕失败

老实人害怕失败，这种恐惧感来自对过去"伤害"（遭挫折、被耻笑）的记忆，这些记忆造成内心的胆怯和懦弱，从而使人产生消极的想象力和预期的失败感。

老实人在作出一个新的决定时，往往想到曾经遭受过的失败景象，于是忧虑退缩，裹足不前。

二、老实人好埋怨与责怪

老实人一旦遇到问题和障碍，总是找借口、找理由，其目的就是推卸责任，把自己所遇到的一切"不利"都推给外界和别人。其根源是内心的渴求与现实的不一致。这样，在他们不能正视困难、面对自我，不能达到心理平衡时，就自然而然选择了一种逃避行为，即把责任归咎给别人。他们对自我的认识把握不够，总认为自己是受害者，是可怜人。

三、老实人缺乏目标

缺乏目标，就是缺乏人生的目的和方向，缺少生活的意义和存在的价值；老实人不知道自己想获得什么，不知道为什么而活着，不知道命运掌握在自己手中；老实人不知道自己的工作会怎样，生活会怎样，家庭会怎样，财富会怎样；老实人没有动力，没有激情，没有信心；老实人看不到机会，无法把握自己的心态、生活、工作和学习，犹如水上浮萍，东飘西荡，不知何去何从。

四、老实人害怕被别人拒绝

老实人在生活中也会遭到别人的拒绝，父母拒绝他们、老师拒绝他们、朋友拒绝他们。他们听到"不"——不行、不能、不好、不可以时，在内心深处留下了障碍。老实人害怕遭到耻笑和打击，害怕失去自我的恐惧，妨碍他们开口求助，阻碍他们前进。

五、老实人常否定现实

老实人在现实生活中，无法面对不如意、不利的事物，于是夸大障碍，找借口来逃避，从不找自己的原因。这是一种懦弱、胆怯和无能的表现。

六、老实人对未来悲观

就像下坡比上坡容易一样，人类似乎天生有"悲观"的倾向。要积极很困难，要消极很容易；要乐观很困难，要悲观很容易。悲观的情绪像瘟疫，会迅速传染开去。悲观可称作一种消极的"并发症"。老实人因缺乏人生的意义与目标，看不到美好未来；老实人因"害怕半途而废"而无成就感，必定自惭形秽，因而得过且过，表现得十分自私；老实人为了保持做人的最后一点点"尊严"，必然要以愤世嫉俗、牢骚满腹、猜疑忌妒、易怒等方式来发泄，以缓释内心深处的悲哀。

七、老实人做事经常半途而废

不明白人生历程实质就是克服困难的过程这一道理，对事业没有坚强的信念和决心，不能坚持到底。老实人在遇到困难的时候，首先想到的就是挫折可能带来的种种伤害。于是他们认为不可能实现，不可能达到，因而迅速放弃自己原有的努力。

那么，老实人如何摆脱消极情绪呢？

首先，要在实际生活中，多想想自己的优点而不是缺点。

每个人都有优点，正像每个人都有缺点一样。我们要在生活中充分注意到自己的优点。

第二，要认识到，这个世界上只有一个独一无二的你。

这是个无可争辩的事实，世界上只有一个你自己，没有一个人可以等于你，没有一个人和你的指纹、你的声音、你的特征或你的个性完全相同。从"你"这个字的最终意义来看，你是独具一格的，你是"第一号"的。明确了这一点，你会对自己更加看重和珍惜。

第三，要相信自己能获得成功。

对自身能力抱有信心的人比缺乏这种信心的人更有可能获得成功。尽管后者很可能比前者更有能力、更加勤奋。但重要的是只有坚信自己必会成功才能成就大事。

即使在尚未达到目标之时，也应以成大事者的姿态出现。这样会使你此时此刻就感觉到自己是成大事者，也会使你在别人面前显得是个成功者，事实上，这是一种增强自信心的方式。

第五章　舌不转弯吃大亏——老实人的说话

不会说话使老实人会遭遇很多麻烦：老实人说话不掩饰自己的情绪，说话不看对象，不考虑说话会带来什么样的后果，心里想说什么就说什么，结果无意中得罪了别人。老实人说话太直，总是直言直语，不加修饰，不知不觉就伤害了别人，影响了他们的人际关系。老实人讨厌说谎的人，自己也从不说谎，其实，我们的生活又离不开谎言，某些特殊的情况，实话实说，会招惹不必要的麻烦，也不会受到欢迎。有些老实人是"茶壶里煮饺子，肚里有倒不出"，本来是一片好心，却不会正确地表达自己，往往被人误解，自己受冤枉。老实人当别人提出了某个请求时，自己心里明白自己很难办到，就是办到了会对自己的利益造成损失，但是出于面子的缘故，"不行"二字总是讲不出口。老实人即便是拒绝别人时也不讲技巧，总是直率拒绝，使得对方很尴尬，产生不快，进而认为这个人太不近人情。

老实人碍于面子，羞于说"不"

"不"这个字好写，音节也简单，但拿到人与人之间，却很不容易说出口。很多老实人或因为感情因素，或因为个性关系，或因为时势所迫，无法把"不"说出来，因而吃了大亏。

有这样一个老实人，朋友向他借钱，总是无法拒绝，怕说了"不"，伤了对方，更怕说了"不"，与对方日后出现隔阂。他的朋友们深知他的老实，手头不便就向他开口，有借有还的占大部分，但有借无还的也有人在。小钱不还倒也无所谓，但有一天，有人向他借一大笔钱，说是要开店，这个老实人又无法说"不"。结果那人并没有开店，钱拿了，人也不见了。

老实人没有勇气说"不"，往往就会变成这种情形：软土深掘，得寸进尺。常常要求他，拜托他——当然他并不一定会有损失，但造成损失的可能性相当高；而最重要的是，他无法说"不"，会越来越难以说出口，而一旦说出口，常常就造成很大的得罪。

该说"不"时，就要勇敢地说"不"。

不过在什么情况之下说"不"，这才是个问题，因为如果每天每件事都把"不"挂在嘴边，那么也不必在人群中立足了。

不妨可以先从"心"来考虑。也就是，当有人要向你借钱或求你做某件事时，你要先问你自己——我愿不愿意？而不是从利害的角度来考量。如果你愿意，赴汤蹈火，肝脑涂地，相信你也不在乎，也不会后悔的；如果不愿意，那么就不必勉强自己，一勉强自己，你就不会快乐，每天活在"当时为什么不拒绝"的悔恨当中。也许你本身并没什么损失，但因违背了你的心意，这件事反而成为你的负担。

因此，当你不愿意时，就要勇敢地说"不"！

不过，说"不"也不是那么简单，而是需要技巧的，因为会要求你、拜托你的，大多是身边的亲朋同事，如果技巧不好，很容易就弄坏了彼此的关系。

技巧因各人不同而有不同，不过也有一些原则可循：

尽量委婉、平和，说明你要说"不"的原因，让对方有台阶下，也不致伤了和气。如果可能，迂回一点讲也可以，而不直接说"不"，对方如果不是白痴，应可听懂你的弦外之音，这是"软钉子"，而不是"硬钉子"。同时为了不得不，我也赞成说些谎话。

不过，说"不"要学习，可以先从小事学起，久而久之，便可掌握分寸，不会脸红脖子粗，让人一见就知道你的"不"并不坚定。此外，还可把自己塑造成有原则的人，那么一些无谓的要求、拜托就不会降临到你身上。当然，一切还是要先看你"愿不愿意"。

老实人拒绝别人不讲技巧

老实人在别人提出了某项要求或请求时，自己心里明白拒绝了对自己更有利，但是出于面子和感情的缘故，"不行"两个字总是讲不出口。另外，老实人即使说出了"不行"二字，也是直来直去，或直率拒绝，或严词拒绝，他们从来不运用任何技巧，这样一来，会使对方感到尴尬，产生不快，进而认为这个人真不近人情。

其实，拒绝也是有一些技巧的，掌握了这些技巧的恰当运用，既可以达到拒绝的目的，又不使对方难堪。所以让对方不抱希望的婉言拒绝才是真正的高招。

一、幽默诙谐，乐呵呵地说"不"电视剧《宰相刘罗锅》的主题曲中说：

"百姓心中一杆秤。"其实每个人的心中都有一杆秤，毫不忌讳地说就是个人的利益。如果某人向我们提出要求，恰恰触犯了我们自己的利益，我们在心理就会犯嘀咕："凭什么要牺牲我的利益呢？"这是很自然的想法，但我们都应该有一个原则，就是个人利益与大家的利益发生冲突时，理应把大家的利益放在首位，这是一个人品质好坏的衡量标准之一。但生活中的许多场景涉及不到国家利益、集体利益的高度，在这种情况下，个人利益被放大，所以我们还是有很多时候为了维护自己的利益要勇敢地说不。再加上些幽默诙谐的态度，乐呵呵地把"不"讲出来，就会达到你想要的效果。

二、寻找借口，借助别人说"不"

在某些情况下，你对问题的处理虽然代表了你自己的意见，却没有说服力，往往使对方难以接受。那么，你可以考虑借助某种具有威信的专业人士的名称来作为回绝对方的理由，比如，你在银行工作，顾客要求你延长他的贷款还款期限，而这件事你虽然明知是不可行的，但这是银行的一个大客户，你又不想得罪他，你就可以说："李先生，我也很想继续延长您的贷款期限，但是我们的律师不同意。"在这种情况下，要注意的是不要说出这个你借助的对象的名字，因为这会使对方理解为你在推卸责任，而且引来不必要的麻烦。

三、先肯定，后否定地说"不"

每个人都喜欢听顺从自己的意见。所以即使有些是别人不对的地方，当我们面对某些不得不拒绝的情况，脑海里不要首先想到自己是对的，别人是错的。如果一开始你就说："你不对！"、"你错了！"之类的话，相信谁也不愿意接受。相反，你先肯定对方的某些细微之处，再表明自己的态度，对方才有可能考虑你的提议。比如，你说："我也同意你的这些说法，但是在目前的情况下，我们只能……"或者"我以前也是这么想的，但是后来我发现……"要知道，学会艺术地说"不"，首先就要懂得运用"但是"。

四、动之以情，晓之以理地说"不"

当你学会拒绝的艺术时，你会懂得最好的拒绝不是不近人情的说教来劝服人，而是给对方提一些他能够接受的，同时又是对自己有利的建议。曾经有一位销售壁纸的小姐，她的一位顾客订了一种壁纸，销售小姐为她提供了很好的售后服务，送壁纸到家，并帮她贴好，工作刚刚完成，这位顾客突然打电话来坚持要求退货，她说因为她丈夫不喜欢这种壁纸，所以她改变了主意，想要另一种图案的壁纸。这位壁纸销售小姐没有马上拒绝，她说："张太太，我很抱歉你先生不喜欢你所选定的壁纸的颜色，但我们已经按照订单将壁纸安装好了。我虽然不能退你钱，但是可以在新壁纸的价钱上，给你相当的优惠，而且我们愿意免费为你去除旧壁纸。除了这个办法以外，也许过段时间你可以说服你先生，你买到的是最好的壁纸，是现在非常流行的图案，而且颜色也很适合你们家。"后来的结果是，这位张太太不再坚持退货，而且不久她又从这位销售小姐手里买走了另一种壁纸。

五、用提出有效建议的方法表示诚意

在工作上，如果想在不冒犯对方或其请求的情况下拒绝，你可以提出一些具体的建议来表明自己的诚意，比如，同事提出请求帮忙时，你可以说："这份报告我不能代替你来写，但是两个星期后的那个计划我可以帮你。"而不要敷衍的对同事说："这次帮不上忙，下次吧。"这样对方会认为你根本就不想帮忙，谁知道"下次"是什么时候呢？

对于做销售的人来说，要将一个斩钉截铁的回绝转变为绝佳的顾客服务，实在是一种高级艺术。方法就在于你应该提供对方好几个有用的替代方案。某销售人员在拒绝顾客的供货时间要求时说："我无法在下周二的时间里把所有的货送到，但是我有两个其他替代方案：我可以在下周二提供给你部分货物，剩余部分在星期五交清；或者我也可以在下周二把货物准备好，请你自己来提取。"这样客户有了选择的余地，他会感觉到你是在为他着想。

六、说明拒绝的理由，再把可行的条件讲出来

"不"是一个让人从心里反感的字眼，它对人、对事皆会产生一定影响，所谓拒绝的艺术就是尽可能将一个黑白分明的字眼转为有层次的灰色。只要你在说"不"的同时，清楚地阐明何种情况下才是可行的就可以坚定的拒绝对方，而又不至于听起来不合理或顽固不通。以银行工作为例，对于要求增加贷款而实际上又达不到要求的客户，可以用以下的理由来拒绝："我们无法扩增您要求的五万元的贷款额度，但是这一次我们可以先为您提供1万元的临时贷款额度，等我们之间的业务往来达到一定数量的时候，我们可以再考虑增加您的信用贷款额度。""我们不能提高您的贷款数额是因为您有延迟还款的纪录。如果您愿意，我可以在半年之后再检查您的信用纪录，这样您就有充足的时间，结付一些未清的款项，届时我们再讨论您的申请。"

同样在恋爱中，善于用非拒绝的语言来拒绝对方的请求，也是很讲究艺术的。1. 寓否定于模糊语言。含糊其词在恋爱口才中意义非凡。女朋友穿一条裙子，自觉漂亮，在你面前得意地转了一圈后问你："美吗？"你不仅不认为美，还觉得有点难看，于是你含糊其词的回答："还好！"只要对方是稍有灵气的女孩，便能体会这句话的真正含义。2. 寓否定于肯定。你的女友希望你给她买件像样的衣服，于是暗示你："瞧，人家

穿的衣服多漂亮，是男友送的。"但你觉得本季节她的衣服已经够多了，说不，女友会觉得你很小气，怎么拒绝？于是你说："的确美，不过我赞赏苏格拉底的一句话：女性的纯正饰物是美德，不是服装。"话的表面并未拒绝，但对方绝不会认为你是同意了，问题在不了了之中解决，谁也不会感到难为情。3．寓否定于感叹。你的生日，他送你一套衣服，你不喜欢，艳了些。他问："喜欢吗？"你若直截了当的回答不喜欢，精心挑选过的他此时一定会觉得很伤心。可以回答："要是素雅些就更好了，我比较喜欢浅色的！"这样婉转的说话易于让人接受，而且也提出了你自己的要求。4．寓否定于商量口气。恋人希望你陪她参加朋友的一次聚会，可你觉得目前不便或不妥。于是你用商量的口气说："现在实在没时间，以后行吗？"5．寓否定于玩笑。通过开玩笑的方式来否定，既可以达到目的，又可以避开拒绝的无情。譬如，你男朋友邀请你"上门"，你觉得时机尚未成熟，不可盲目造访，这时你可问："有什么好吃的吗？"你的男友会列出几样东西来，于是你接着说："没好吃的，我不去。"这是巧妙的玩笑，男朋友当然不会以为你是真的嫌没有东西吃，他也会知趣的知难而退，但又不觉得尴尬。

老实人说话爱直来直去

老实人经常不掩饰自己的情绪，不管什么场合，也不问对象是谁，不考虑说话会引起什么后果，心里有什么就说什么，直来直去，想说啥就说啥。结果无意中便得罪了别人。在客客气气的社交谈话中，直话直说是致命伤。别误解，这不是在鼓励说谎。这里讲的是一种高深艺术，一种和斗牛相似的艺术。餐桌谈话的高手能够像斗牛勇士一样，挥洒自如地应付、闪避灾难。

有这样一个善于闪躲质问的人，他的厚颜与本领令了解他的人想大喊一声"太妙了"。例如，如果有人问他："你可曾读过《堂吉诃德》？"他会回答："最近不曾。"其实他根本没读过，然而谁会煞风景去破坏融洽的谈话气氛？

另有一次，有人问他可曾读过但丁《神曲》中的地狱篇，他回答："英文本没读过。"旁人不禁肃然起敬。他这句百分之百的真话会让人产生三种误解：他读过这诗篇，他精通十四世纪的意大利文；他是文学纯粹主义者，不屑读翻译本。真高明。

其实在社交谈话中有很多诀窍，可供直来直去的老实人做参考：

一、寻找安全话题

预备几个够有趣的题目，侃侃而谈，但言辞须含糊，除非专家能知道你在瞎扯。不防考虑以下几项：

1. 量子物理学。

就暧昧模糊而言，这题目是数一数二的，或许连爱因斯坦都会紧张吃力。这个话题最重要的部分叫作"不确定性原理"。有位物理学家最爱以这世界的本质为题讲些令人费解的话，然后看到周围的人个个满脸愕然、面面相觑，便忍不住偷笑，你也可以学他。

2. 死海主卷。

几十年来，只有少数圣经学者能接触到这些古代经文并加以研究。他们不让别人看，也许是因为他们还没琢磨出古卷中文字的真正意思。

3. 某位不大出名的历史人物。

你选的历史人物不必有什么精彩的秘闻韵事，然而如果你不想再听某人喋喋不休地谈论当今的国家领导人，这题目就很适合了。你可以说："某某怎么样？"

那人会顿时茫然，问道："他怎么样？"

"你刚才说的全部可以用到某某身上，"你回答，"你看看他的遭遇。政客就是这样的。"

谁能反驳？

不过要审慎的是：上宴以前必须跟其他客人周旋一下，谈些不相干的话，摸清楚什么题目不能碰。王明有一次大谈"文化大革命"。谈了二十分钟，殊不知坐在他旁边的那个人是屈指可数的中国史权威。

二、用含义广泛的形容词

所用的形容词最好能适用于几乎任何方面。

如果有人要你对你毫无所知的某本书、某出舞台剧、某部电影或某首音乐发表意见，你应该说："我喜欢他早期的作品。作风比较单纯。"或者说："我喜欢他后来的作品。那比较成熟。"无论对方是否同意，都不能说你错。

三、讲述一些历久弥新的趣闻逸事

你不必发表长篇大论也可以令人觉得你学问渊博。在节骨眼上讲出一桩人所罕知的事，会使人深信你满腹经纶。例如，你记住某某名作家的妻子是哪个富豪家族哪一房的正室或偏房的表亲，然后在跟人家讨论文学、商界动态、名人花絮或新闻的时候，装作漫不经心地提起。

四、发表别人无从驳斥的见解

闲谈中，难免会有人问你；"你认为如何？"

你不想把真正的想法说出来，原因是你刚才没有注意听。其实你一直在想的是赴宴途中你汽车发出的怪声，或者某部电影里某演员叫什么名字。不过，有三种答案适用于任何话题，而且不会引起异议：

"那完全要看情况而定。"

"不能一概而论。"

"在某些地方，情况会受环境因素影响。"

五、高明地搪塞躲避

要是有个粗鲁的人竭力想戳穿你的把戏，千万别慌。你可以采纳如下几个对策：

1. 含糊其词。马上用丹麦著名物理学家尼尔斯·波尔所讲的："真理有大小之分。与小真理对立的，当然是错的；与伟大真理对立的，则同样是真理。"然后，趁质问你的人还在琢磨这一番话，找个借口离桌。

2. 指着窗外大声喊："瞧那个！"希望借此转移同桌人的注意。

3. 把一块肉放进口里细嚼，同时做思索状，仿佛是在整理你的答案。接着屏息并慌张地指指喉咙，奔出饭厅，挺着肚子朝沙发背猛扑过去，使人人以为你食物梗塞，在自行救治。然后站起来，转身对吓坏了的众人从容地说："没事了。"

如果你演技够好，大家便会忘记使你突发急症的诱因，反而称赞你有医学知识，救了自己。

老实人常常被人误会

懂道理是学问，讲道理是艺术。有时候老实人即使真理在手，讲不好也会变成无理。

朱安娜相貌平平，平日不怎么爱说话，在别人眼里，她只是一个老实忠厚的人，没有什么引人注意的地方。朱安娜为此十分苦恼，但她又不知怎么冲出这个可怕牢笼。

与人交往，光讲感情是不够的，还需懂道理，讲道理。老实人也懂道理，可惜是"茶壶里煮饺子，有却倒不出来"。他们常常被别人误会。这不能不说是老实人的一个缺陷。

以下是讲道理的十个秘诀，提供给老实人参考：

一、以事喻理

将道理建立在事实基础上，让事实讲话，避免说大话、空话，有事实为证，即使口才差一点也不要紧。否则，口才再好也没用，骗得了一时，骗不了一世。

二、以小见大

于小事情中讲寓含着的大道理，予近边事情中讲可望及的远道理，于浅表事情中挖掘可触摸的深道理。总之，要让对方听得懂，否则岂不是白费口舌？

三、设问诱导

把大道理分解成若干个问题，用问话提出。一则可引发兴趣，启发对方思考；一则用以创造一种平等和谐的气氛，使人觉得不是在灌输大道理，而是在共同探讨问题。

四、迂回说理

正面一时讲不通，不妨"旁敲侧击"，逐步引导，层层深入，最后"图穷匕见"。有时也可借题发挥，讲出"醉翁之意不在酒"的道理。

五、以情感人

要善于联络感情，注意反省自己有无令对方反感的地方，并及时克服和纠正。当对方抵触情绪较大时，先要疏通感情，不要光顾讲道理。

六、巧用名言

一句含有哲理的名人格言，可以发人深醒，给人以启迪。把大道理与名人名言巧妙地结合起来，可以使大道理耐人寻味，富有吸引力。

七、注意场合

交谈环境对听者的情绪影响很大。有些话在单独相处时听得进，在人多时就听不进。因此，要选择一个恰当的场合，与对方真诚、平等地谈心交流。

八、语言魅力

以适应交谈对象的"口味"为出发点，充分发挥语言的魅力，把道理讲得有声有色，生动活泼。美妙的语言是大道理磁石般的外壳，它能吸引听者去深入理解"内核"。

九、点到为止

"冷饭炒三遍，狗都不爱吃。"生怕人家听不懂，翻来覆去地讲一个道理，结果适得其反。该讲的一定要"点到"，同时又要留下充分思考的时间，让对方去领悟。

十、言行一致

如果你认为什么事有道理，就按你认可的道理去做。说的是一套，做的是一套，等于是在"贩卖假冒伪劣产品"，难以让人信服。

老实人常被别人羞辱

马善被人骑，人善被人欺。人太老实，别人会不把你放在眼里，就会想尽办法欺负你，不管是行动上，还是在语言上。日常生活中，我们会经常见到老实人被人羞辱，而他却面红耳赤，不会反击，确实可怜。

下面为老实人列举几种对待侮辱性语言的方法：

一、"你说话之前应该先想想。"

什么人说话之前不先想过呢？对方这样说，并不是真的提醒你去运用思想，而是指责老实人说了令他不悦的话。

在这种情况下，老实人可以试着选用下列方法应付：

方法一，你把重点放在时间问题上："哦，那么'以后'该怎样呢？"

方法二，接受他的好意："好，我尽力而为就是。不过，我一向习惯在你说话之前先想。"

方法三，采取幽默的态度，为他抱不平："可是我想了你不想，对你不是太不公平了吗？"或"我在这儿想，冷落了你，太失礼了。"

方法四，报以微笑，然后默默不语，如果他不耐烦了，想再说什么，你就打断他："嘘……我正在想呀。"

二、"你父母是怎样教养你的？"

谈话之中突然牵扯到你的父母，这是最令人冒火的事，但是你千万别为父母受了指责而生气，对方与你父母无冤无仇，并不真打算侮辱他们，他的目标是惹你发火。

在这种情况下，老实人可以试着选用下列方法应付：

方法一，装傻充愣。你说："我是爷爷奶奶带大的。"

方法二，侧面躲避。你默默想一会儿，再说："我记不得了，恐怕得麻烦你自己去问他们。"

方法二，正面回击。可以做肯定的答复回敬他："我只记得一点，那就是不可以问这样没礼貌的问题。"

三、"我不要跟你这种人讲话。"

这样可恶的人决定不和你讲话，是你该觉得幸运的事，你就该坦白表示出来。

在这种情况下，老实人可以试着选用下列方法应付：

方法一，"啊，太好了！""真是老天有眼。"

方法二，他这句话是对你讲的，你当然可以说："哦？抱歉，我还以为你是在和我讲话。"

方法一，对付这种无礼言辞的另一个方法就是假装没听见："你说什么？""你是说……？""我没听见，你再说一遍好吗？"不管他是否肯再说，都是他输了。假如他果真糊里糊涂再说一遍，你就以牙还牙："抱歉，你这种人说的话我听不见。"

四、"你自以为是什么人？"

这样的话是要你对自我认识产生疑问——你为什么说出这种话？

在这种情况下，老实人可以试着选用下列方法应付：

方法一，不要动怒，索性把他的话说清楚："依你的意思，我要是某某人才够资格和你说话，是吗？"

方法二，谦和一点，请教他："我倒没想过这个问题，你常常自以为是什么人吗？"

方法三，用开玩笑的方式："我不大确定，不过我一定算是个人物吧，有不少人给我写信呢。"、"现在吗？我自以为是受害者。"、"不管是谁，反正是你没听过的人。"或者干脆指指旁边的人："我自以为是他，你再问问他自以为是谁。"

五、"你少来这一套。"

这是不太重的话，即便是当众以不敬的语气对你说了，你仍应该礼貌地答复。回答的方式不外乎一般客套："不必客气。""请笑纳。"

如果是你说的一句话惹怒了对方，而使他说出这样的话，你觉得他的怒意莫名其妙，你的话可以说重些："本是你应得的，何必恭维！"

老实人要学会反驳别人

一个吝啬的老板叫伙计去买酒，伙计向他要钱，他说：

"用钱买酒，这是谁都能办到的；如果不花钱买酒，那才是有能耐的人。"

一会儿伙计提着空瓶回来了。老板十分恼火，责骂道：

"你让我喝什么？"

伙计不慌不忙地回答说：

"从有酒的瓶里喝到酒，这是谁都能办到的；如果能从空瓶里喝到酒，那才是真正有能耐的人。"

显然，老板想不花钱喝酒的言行是不适当的，而如果伙计不知如何机智应对的话，或者可能遭到老板的严厉斥责，或者自己贴钱给老板喝酒。

在现实生活中，反驳别人的不适当言行可采用这样一些技巧：

一、比对方更荒谬

一位记者向扎伊尔前总统蒙博托说：

"你很富有。据说你的财产达30亿美元！"

显然，这一提问是针对蒙博托本人政治上是否廉洁而来的。对于蒙博托来说，这是一个极其严肃而易动感情的敏感问题。蒙博托听了后发出长时间地哈哈大笑，然后反问道：

"一位比利时议员说我有60亿美元！你听到了吧？"

记者的提问显然是认为扎伊尔前总统蒙博托不廉洁，但并没直说，而是用引证的方式来委婉表达的，蒙博托如果发脾气正言厉色地驳斥，则既有失风度体统，又有"此地无银三百两"之嫌；心平气和地解释恐怕也行不通，谣传的事情能够三言两语澄清真相吗？于是，蒙博托除了用"长时间地哈哈大笑"这种体态语表示不屑一顾以外，还引用一位比利时议员的话来反问记者，似乎在嘲弄记者的孤陋寡闻，但实际上是以更大的显然是虚构的数字来间接地否定了记者的提问。

二、委婉点拨

19世纪意大利著名歌剧作曲家罗西尼对自己的创作非常严肃认真，非常注意独创性。对那些模仿、抄袭行为深恶痛绝。

有一次，一位作曲家演奏自己的新作，特意请罗西尼去听他的演奏。罗西尼坐在前排，兴致勃勃地听着，开始听得蛮入神，继而有点不安，再而脸上出现不快的神色。

演奏按其章节继续下去，罗西尼边听边不时把帽子脱下又戴上，过一会，又把帽子脱下，又戴上，这样，脱下戴上，戴上又脱下，接连好几次……

那位作曲家也注意到了罗西尼的这个奇怪的动作和表情，就问他："这里的演出条件不好，是不是太热了？"

"不，"罗西尼说，"我有一见熟人就脱帽的习惯，在阁下的曲子里，我碰到那么多熟人，不得不频频脱帽了。"

艺术贵在独创，这样才能形成带有个性特征的风格乃至形成流派；抄袭与模仿，则只能在艺术巨匠的浓荫中苟且偷生，毫无建树。因此，要反对单纯的模仿，更要杜绝抄袭行为。19世纪意大利著名歌剧作曲家罗西尼对模仿、抄袭行为的深恶痛绝就源于此。然而，直接的指斥恐怕会使对方十分难堪，罗西尼便用体态语及其说明来委婉地表示："在阁下的曲子里我碰到那么多熟人"，言外之意是你抄袭了他们的作品。虽然没有明说，那位作曲家的脸也一定会涨得通红！

三、循循善诱

俄国伟大的十月革命刚刚胜利的时候，象征沙皇反动统治的皇宫被革命军队攻占了。当时，俄国的农民们打着火把嚷道，要点燃这座举世闻名的建筑，将皇宫付之一炬，以解他们心中对沙皇的仇恨。一些有知识的革命工作人员出来劝说，但无济于事。

列宁同志得知此消息，立即赶到现场。面对着那些义愤填膺的农民，列宁同志很恳切地说："农民兄弟们，皇宫是可以烧的。但在点燃它之前，我有几句话要说，你们看可不可以呢？"

农民们一听这话，列宁同志并不反对他们烧，立即允诺道："完全可以。"

列宁同志问："请问这座房子原来住的谁？"

"是沙皇统治者。"农民们大声地回答。

列宁同志又问："那它又是谁修建起来的？"

农民们坚定地说："是我们人民群众。"

"那么，既然是我们人民修建的，现在就让我们的人民代表住，你们说，可不可以呀？"

农民们点点头。

列宁同志再问："那还要烧吗？"

"不烧了！"农民们齐声答道。

皇宫终于保住了。

迁怒于物往往是情感朴直、思维简单化的一种表现，关键在于疏导。面对愤激的群众，列宁的5句循循善诱的问话，理清了群众思路，提高了其思想认识，保住了皇宫这座举世闻名的建筑。他采取的步骤是，首先理解和赞同群众的观点，这样可以争取到引导群众的时间和机会；其次，正本清源，使农民们懂得，皇宫原来是沙皇统治者居住的，但修建者却是人民群众；如今从沙皇手中夺过来回归人民群众，就应该让人民代表住，这个道理是可以服人的，因此农民们点了点头。最后一问，是强化迂回诱导的结果，让群众明确表态："皇宫不烧了"，从而完全达到了目的。

四、针锋相对

有一位女作家写完了一部长篇小说，发表后引起轰动，一时成为最畅销的热门书。有个评论家曾向女作家求婚遭到拒绝，怀恨在心，经常在评论中旁敲侧击地贬低这个女作家的才干。有一次文学界举行聚会，许多人当面向女作家表示祝贺，称赞作品的成功。女作家一一表示感谢。忽然那位评论家分开众人，挤到前面，大声向女作家说道：

"您这部书的确十分精彩，但不知您能否透露一下秘密。这本书究竟是谁替您写的？"

女作家还陶醉在众人的赞扬声中，冷不防他竟会提出这样的问题，就在她一愣的刹那，已有人偷偷发笑了。女作家立即清醒地估量了形势，做问题以外的争吵于自己不利，她马上镇静下来，露出谦和的笑容，对评论家说道：

"您能这样公正恰当地评价我的作品，我感到十分荣幸，并向您表示由衷的感谢！但不知您能否告诉我，这一本书是谁替您读的呢？"

评论家的问话，用意十分明显；而女作家的反问，同样针锋相对，潜台词是说，你从来不认真读别人的作品，所做的评论无非信口雌黄。连书都不读的人，有什么资格做评论！巧妙的反问，使评论家陷入了十分狼狈的处境。

类似的例子还有很多。比如：

在一次国际会议期间，一位西方外交官挑衅地对我国外交官说："如果你们不向美国保证：不用武力解决台湾问题，那么显然就是没有和平解决的诚意。"

面对这种挑衅性的无稽之谈，我代表回答道："台湾问题是中国的内政，采取什么方式解决是中国人民自己的事，无须向他国做什么保证。"说到这儿他话锋一转，反问道："请问，难道你们竞选总统也需向我们做什么保证吗？"

这针锋相对的反诘，使对方无言以对，讨了个没趣，满脸窘态。

五、运用幽默的力量

有时候我们在工作或生活中需要肯定地表达自己的观点。我们在受到某种不合理的阻挠或不公正的待遇时，不妨哇哇叫几声，这也是在运用幽默的力量。

当问题已经十分明显，这时再坚持"多一事不如少一事"，就是懦弱的表现。

有一家公司的餐饮部，伙食很差，收费昂贵。职员们经常批评吃得不好，甚至也谩骂餐厅负责人。有一回一位职员买了一份菜后叫起来，他用手指捏着一条鱼的尾巴，把它从盘子中提起来，冲餐厅负责人喊道："喂，你过来问问这条鱼吧，它的肉上哪儿去啦？！"另一位职员要的是香酥鸡，他发现没有鸡腿，于是他也叫起来："上帝啊！这只鸡没有腿！它怎么跑到我这儿来了呢？"

同样，当别人妨碍你的工作时，你也可以提高嗓门回敬他一个幽默。

有一位女乘客不停地打扰司机，车子每行一小段路程，她就提醒他，说她要在某个地方下车。司机一直很耐心地听着，不吭声。后来女乘客大叫："你不说话，我怎么知道要下车的地方到了没有！"

司机也叫起来："那你就看我的脸吧！我的脸笑开了，你就下去吧！"

著名电影导演希区柯克有一次拍摄一部巨片。这部巨片的女主角是个大明星、大美人。可她对自己的形象"精益求精"，不停地唠叨摄影机的角度问题。她一再对希区柯克说，务必从她"最好的一面"来拍摄，"你一定得考虑到我的恳求"。

"抱歉，我做不到！"希区柯克大声说。

"为什么？"

"因为我没法拍你最好的一面，你正把它压在椅子上！"

在和不喜欢的人相处的时候，运用幽默的力量，既能巧妙地表明自己的态度，又能避免造成过分尴尬的局面，深深伤害别人的感情。

老实人容易直言伤人

直言直语是一把双面利刃，而不是一把可以披荆斩棘的开山刀。

老实厚道的李军是一公司的中级职员，他的心地是公认的"好"，可是一直升不了职；和他同年龄、同时进公司的同事不是外调独当一面，就是成了他的顶头上司。另外，别人虽然都称赞他"好"，但他的朋友并不多，不但下了班没有"应酬"，在公司里也常独来独往，好像不太受欢迎的样子……

其实李军能力并不差，也有相当好的观察、分析能力，问题是，他说话太直了，总是直言直语，不加修饰，于是直接、间接地影响了他的人际关系。其实"直言直语"是人性中一种很可爱、很值得大家珍惜的特质，因为也唯有这种直言直语的人，才能让是非得以分明，让正义邪恶得以分明，让美和丑得以分明，让人的优缺点得以分明。只是在人性丛林里，"直言直语"却是有这种性格的人的致命伤。

喜欢"直言直语"的人说话时常只看到现象或问题，也常只考虑到自己的"不吐不快"，而不去考虑旁人的立场、观点、性格。他的话有可能一派胡言，但也有可能鞭辟入里；一派胡言的"直言直语"，对方明知，却又不好发作，只好闷在心里；鞭辟入里的直言直语因为直指核心，让当事人不得不启动自卫系统，若招架不住，恐怕就怀恨在心了。所以，直言直语不论是对人或对事，都会让人受不了，于是人际关系就出现了阻碍，别人宁可离你远远的，眼不见为净，耳不听为静。

喜欢直言直语的人一般都具有"正义倾向"的性格，言语的爆发力杀伤力也很强，所以有时候这种人也会变成别人利用的对象，鼓动你去揭发某事的不法，去攻击某人的不公。不管成效如何，这种人总要成为牺牲品，因为成效好，鼓动你的人坐享战果，你分享不到多少；成效不好，你必成为别人的眼中钉，是排名第一的报复现象。

所以，在人性丛林里，直言直语是一把伤人又伤己的双面利刃，而不是披荆斩棘的"开山刀"，有这种直言直语个性的人应深思：

一、对人方面，少直言指陈他人处事的不当，或纠正他人性格上的弱点，这不会被认作"爱之深，责之切"，而会被看作和他过意不去；而

112

且，你的直言直语也不会产生多少效用，因为每个人都有一个内心的堡垒，"自我"便缩藏在里面，你的直言直语恰好把他的堡垒攻破，把他从堡垒里揪出来，他当然不会高兴。因此，能不讲就不要讲，要讲就迂回地讲，点到为止地讲，他如果不听，那是他的事。

二、对事方面，少去批评其中的不当，事是人计划的、人做的，因此批评"事"也就批评了人，所谓"对事不对人"，这只是"障耳法"。除非你力量大，地位高，否则直言直语只会替自己带来麻烦。如果能改变事实，则这麻烦倒还值得，如果不能，还是闭上嘴巴吧！如果非讲不可，也只能迂回地讲，点到为止地讲，如果没人要听，那是他们的事。

老说实话不一定受欢迎

有这样一个故事：

从前，有一个爱说大实话的老实人，什么事情他都照实说，所以，他不管到哪儿，总是被人赶走。这样，他变得一贫如洗，简直无处栖身。最后，他来到一座修道院，指望着能被收容进去。修道院长见过他问明了原因以后，认为应该尊重"热爱真理，说实话的人"。于是，把他留在修道院里安顿下来。

修道院里有几头已经不中用的牲口，修道院长想把它们卖掉，可是他不敢派手下的什么人到集市去，怕他们把卖牲口的钱私藏腰包。于是，他就叫这个老实人把两头驴和一头骡子牵到集市上去卖。老实人在买主面前只讲实话说："尾巴断了的这头驴很懒，喜欢躺在稀泥里。有一次，长工们想把它从泥里拽起来，一用劲，拽断了尾巴；这头秃驴特别倔，一步路也不想走，他们就抽它，因为抽得太多，毛都秃了；这头骡子呢，是又老又瘸。""如果干得了活儿，修道院长干吗要把它们卖掉啊？"结果买主们听了这些话就走了。这些话在集市上一传开，谁也不来买这些牲口了。于是，老实人到晚上又把它们赶回了修道院。听完老实的人讲述完集市上发生的事，修道院长发着火对老实人说："朋友，那些把你赶走的人是对的。不应该留你这样的人！我虽然喜欢实话，可是，我却不喜欢那些跟我的腰包作对的实话！所以，老兄，你滚开吧！你爱上哪儿就上哪儿去吧！"

就这样，老实人又从修道院里被赶走了。

其实，故事中"老实人"的遭遇并不是偶然的，现实生活中也不乏类似的例子。

舞蹈家邓肯是19世纪最富传奇色彩的女性，热情浪漫外加叛逆的个性，使她成为反对传统婚姻和传统舞蹈的前卫人物。她小时候更是纯真，常坦率得令人发窘。

圣诞节，学校举行庆祝大会，老师一边分糖果、蛋糕，一边说着：

"看啊，小朋友们，圣诞老人替你们带来什么礼物？"

邓肯马上站起来，严肃地说：

"世界上根本没有圣诞老人。"

老师虽然很生气，但还是压住心中的怒火，改口说：

"相信圣诞老人的乖女孩才能得到糖果。"

"我才不稀罕糖果。"

邓肯回答。

老师勃然大怒，处罚邓肯坐到前面的地板上。

人无论处在何种地位，也无论是在哪种情况下，都喜欢听好话，喜欢受到别人的赞扬。的确，做工作很辛苦，能力虽然有大有小，毕竟是尽了自己的一份力量，当然希望自己的努力得到他人和社会的承认，这也是人之常情。为人办事的人，此时必然避其锋芒，即使觉得他干得不好，也不会直言相对。生性油滑、善于见风使舵的人，则会阿谀奉承，拍拍马屁。那些忠厚的人，此时也许要实话实说，这就让人觉得你太过鲁莽，锋芒毕露了。有锋芒也要有魄力，在特定的场合显示一下自己的锋芒，是很有必要的，但是如果太过，不仅会刺伤别人，也会损伤自己。

怎样理解真话有时并不被肯定的现象呢？

换一个角度我们便会看到，个体行为的一个基本规律是趋利而避害。可以设想，如果某甲对人总是以诚相待，直言不讳，人们因此认定他是一个值得信赖的好人，所以乐于与他深交，并在人前人后夸赞他，某甲也因此感到快乐和自豪。也就是说，某甲的真诚为他赢得了报偿，带来了利处，那么他又何乐而不为呢？如果情况与此大相径庭，比如某甲认为同事小敏的衣服难看，便马上对'她说：

"腿短而粗的人不适合穿这种裙子。"结果，小敏脸一沉，扭头便走，留下某甲发愣。或者某甲当着处长的面指点小张说：

"你的稿子里错别字很多，以后要仔细些。"

实话固然是实话，但不久后却隐约有人传言，某甲惯于在上级面前打击别人，抬高自己……

倘若如此，某甲恐怕会意识到自己的真诚并不那么受人欢迎，既然这样，又何苦呢？

费力不讨好的老实人

"烦死了，烦死了！"一大早就听刘宁不停地抱怨，一位同事皱皱眉头，不高兴地嘀咕着："本来心情好好的，被你一吵也烦了。"

刘宁现在是公司的行政助理，事务繁杂，是有些烦，可谁叫她是公司的管家呢，事无巨细，不找她找谁？

其实，刘宁性格开朗外向，工作起来认真负责。虽说牢骚满腹，该做的事情，一点也不曾怠慢。设备维护，办公用品购买，交通讯费，买机票，订客房……刘宁整天忙得晕头转向，恨不得长出8只手来。再加上为人热情，中午懒得下楼吃饭的人还请她帮忙叫外卖。

刚交完电话费，财务部的小李来领胶水，刘宁不高兴地说："昨天不是刚来过吗？怎么就你事情多，今儿这个、明儿那个的？"抽屉开得噼里啪啦，翻出一个胶棒，往桌子上一扔，"以后东西一起领！"小李有些尴尬，又不好说什么，忙赔笑脸："你看你，每次找人家报销都叫亲爱的，一有点事求你，脸马上就长了。"

大家正笑着呢，销售部的王娜风风火火地冲进来，原来复印机卡纸了。刘宁脸上立刻晴转多云，不耐烦地挥挥手："知道了。烦死了！和你说一百遍了，先填保修单。"单子一甩，"填一下，我去看看。"刘宁边往外走边嘟囔："综合部的人都死光了，什么事情都找我！"对桌的小张气坏了："这叫什么话啊？我招你惹你了？"

态度虽然不好，可整个公司的正常运转真是离不开刘宁。虽然有时候被她抢白得下不来台，也没有人说什么。怎么说呢？她不是应该做的都尽心尽力做好了吗？可是，那些"讨厌""烦死了""不是说过了吗"……实在是让人不舒服。特别是同办公室的人，刘宁一叫，他们头都大了。"拜托，你不知道什么叫情绪污染吗？"这是大家的一致反应。

年末的时候公司民意选举先进工作者，大家虽然都觉得这种活动老套可笑，暗地里却都希望自己能榜上有名。奖金倒是小事，谁不希望自己的工作得到肯定呢？领导们认为先进非刘宁莫属，可一看投票结果，50多份选票，刘宁只得12张。

有人私下说："刘宁是不错，就是嘴巴太厉害了。"

刘宁很委屈：我累死累活的，却没有人体谅……

什么叫费力不讨好？像刘宁这样，工作都替别人做到家了，嘴上为逞一时之快，抱怨上几句，结果前功尽弃。冷语伤人，说者无心，听者有意。所以，既然做了，就心甘情愿些吧，抱怨是无济于事的，相反，还会埋没你的功劳。

老实人不会"有话好好说"

陈军是大三的一名学生，他家离学校不算太远，经常骑摩托车来上学。他的同学常向他借车子出去玩。刚开始，陈军很爽快，谁借就给谁。他的同学基本上是新手，经常把他的车子弄出一些毛病，为修车陈军已花了不少钱。所以，陈军再也不轻易把车子借给同学了。一次，他的同学路明有急事又向陈军借车，陈军很不客气地说："对不起，我最近手头紧，没钱修车。"路明听后一声没吭，跟陈军的关系也渐渐疏远。

有时候，我们有求于别人，别人直截了当地回绝了；我们提出一些看法，别人直接否定了；别人看不惯我们的行为，直接流露出来。这都将给我们的自尊心造成很大伤害，甚至忌恨那些人。如果你不想惹人气恼，遭人忌恨的话，就不要用上述行为对待别人。即使拒绝别人，也要"有话好好说"。

一、避免对立

要拒绝、制止或反对对方的某些要求、行为时，可利用非个人的原因作为借口，避免直接对立。比如，某报社的推销员登门要求你订阅报纸，可你不想订阅。你可以很有礼貌地说："谢谢，你们的服务很周到，可是我家已经订阅了其他几家报社的报纸了，请原谅。"在这里，强调"你们"和"我家",而不是"你"和"我",能有效降低对方的敌意。

二、要有同情心

对方很可能是在万不得已的情况下来请你帮忙的,其心情多半是既无奈而又感到不好意思。先不要急着拒绝对方,而应从头到尾认真听完对方的请求后,再表示"你的情形我了解"或"非常抱歉",再说出自己无法帮忙的理由;同时帮他出些主意,提些建议。不管这些主意和建议有没有用,起码能表示你的善意。

三、用幽默堵对方的口

用幽默表示拒绝既可以达到拒绝的目的,又可以使双方摆脱尴尬处境,活跃气氛。

美国前总统罗斯福在当海军军官时,一次有一位好朋友向他询问关于美国新建潜艇基地的情况。罗斯福不好正面拒绝,就问他的朋友:"你能保密吗?"对方回答说:"能。"罗斯福笑着说:"我也能。"对方听后就不再问了。

四、找一个合理借口

借口可能只是个"善意的谎言",却能避免伤对方的自尊心。例如,当遇到异性说"希望加强来往"时,假如对方是你喜欢的人,当然是件好事。如果是你不喜欢的人,可告诉对方"对不起,我已经有女朋友了","现在集中精力学习和工作,不考虑其他事情"等等,沉着地谢绝。

五、运用缓兵之计

假如对方请你帮忙,你估计办不了,可说:"暂时我还不能答应你,我得先问问××,看能不能办,过两天再跟你联系。"过两天,也许你发现可以帮他,那当然更好;即使不行,也表明你尽力了,总比当面拒绝好。

老实人不会表达自己

住现代社会里，一个人首先要学会的就是表达你自己。一个不善言谈的人很难引起众人的注意。

不会说话使老实人会遭遇很多麻烦。首先，没人理老实人，别人在一起很热闹，老实人一个人茕茕孑立、顾影自怜，很难受；其次，老实人在现代社会里找不到自己的位置；还有，不会说话容易得罪人。

三国时，有个名士叫弥衡，虽然才高八斗，却因为不会说话而送了性命。他进了曹营就说曹操手下空无一人，有的不过是些书呆子、衣架子、饭囊、酒桶，气得这些人要杀他。

曹操给了他一个小官，他就大骂曹操："你不识贤愚，眼睛污浊；不读诗书，口齿污浊；不听忠言，耳朵污浊；不通古今，身体污浊；不容诸侯，肚量污浊；常怀篡逆，心灵污浊。我是天下名士，却让我做小小的鼓吏，这跟藏仓毁谤孟子没什么两样。你想成就霸业，谁知却这么不尊重人才！"

曹操说："好，我现在就派你出使荆州，只要能劝得刘表来降，就让你做公卿。"

弥衡不愿意去，曹操就派人挟持他出门。弥衡来刘表处同样一番言语，刘表也不高兴，要他去见手下大将黄祖。二人喝酒时，黄祖问："你看我是个怎样的人？"弥衡说："你跟庙里的泥菩萨没有两样，虽受供奉，一点也不灵验。"黄祖气坏了，立即下令杀了他。

119

像弥衡这样的人，满腹才华，却不懂得巧妙地运用语言，想怎么说就怎么说，最后把命都送掉了。

一、老实人不会说话有以下表现：

1. 老实人说话不看对象。

2. 老实人说话不连贯。

3. 老实人说话不得要领。

4. 老实人说话没有主题。

5. 老实人说话口齿不清。

6. 老实人说话重复啰唆。

7. 老实人说话过快或过慢。

由此可见，不会说话一是不得要领，二是缺乏自信，三是不敢表白自己。

二、老实人要克服上述毛病，就会说话了。

会说话的人善于用准确贴切生动活泼的语言表达自己的思想和感情。他们有以下特点：

1. 充满热情，让人感觉到，他们对于生活中所从事的各种活动抱着强烈的情感，而且他们听别人说话也会很认真。

2. 能从崭新的角度看事情，能从大家熟悉而又不在意的事物中提出令人意想不到的观点。不会喋喋不休地谈论自己。不表白，不自吹。

3. 有好奇心，他们经常对某件事追根究底，表现出想要知道更多的兴致。

4. 有宽广的视野，他们思考、谈论的题材超出自己生活的范畴。既实事求是又纵横乾坤，致广大、尽精微。

5. 有自己的谈话风格，个性鲜明、惹人喜爱。

6. 有同情心，他们会设身处地替他人分忧。

7. 有幽默感，不介意开自己的玩笑。事实上，最擅长和人交谈的人往往常说关于自己的故事。

人是思想感情的动物，有思想感情就需要表达，表达思想感情就要提高自己的语言能力，提高自己的心理素质，克服交流心理障碍，学会表达你自己。

老实人往往不会"能言善道"

恭维别人，尽说一些拜年的话，倒也不困难。但是，在现实的生活中，有时候你却不得不说一些对方不愿意听，或者对对方不利的话。

老实人觉得难说出口而一拖再拖，不但会令他更加开不了口，而且，当山穷水尽不得不说的时候，会被责问："为什么不早一点告诉我？"这么一来，他的形象在别人眼里就大大地下降了。

老实人过于胆小、懦弱，对于说不出口的话，总是没办法坦然地说出，因此，吃了不少亏，也给别人带来了麻烦。

说话的技巧是要抓住要点，适时地把内容最有效果的传达出来。所以，满嘴叽里呱啦，说得天花乱坠，在必要关头却开不了口的人，算不上"能言善道"。

那么，要如何才能把一件不便说出口的事，巧妙婉转地表达出来呢？

一、早做决定

"说不出来的话，更要早一点表达"，是第一要点。时机一错过，更叫你开不了口。

二、缓和对方所承受的压力

直截了当地把"不，不行"向对方表白的话，会刺激到对方的情绪，造成彼此的不快。尤其是对于长辈、上级，更不能用直接的拒绝方式。

如果对方是充满自信心、人格又相当优秀的人，或许对于毫不留情的反面言语，会平心静气地接受。但是，这样的人实在太少了。

因此，最好的应答方式是"啊，是这样的啊！""原来如此"，先正面地接受它，然后再婉转地把自己相反的意见，以"我觉得……不知您觉得如何？"的方式表达出来。

三、提示方法

有些时候必须委托大忙人代理一些事，这时一般人往往会说："真抱歉，这么忙的时候又打扰您……"

其实，不如提示对方一些处理方法，这样，对方承接工作的意愿就会提高些。

另外，纠正别人、斥责别人的时候，总是难以开口。如果换个讲法，提示一点意见给对方，就可以毫无芥蒂地开口，相信对方也能够顺从地接受。

四、尽量委婉些

彼得堡一个因赌场失意、欠债累累的少尉在喝得酩酊大醉时，说了一句"沙皇陛下在我的屁股底下"，被他的一个宿敌军官告到法庭。

法庭的法官经过认真的审理，确认少尉有罪，彼得堡的记者们要报道这一判决的理由，又不能重复那句侮辱皇上的话，真是费尽心思。其中一个聪明的晚报记者写的消息，被各报采用。

晚报记者这样写道："安里扬诺陆军少尉违法，军事法庭判处有期徒刑2年，因为他泄漏了一些有关沙皇陛下住处的令人不安的消息。"

在和下属谈话的时候，也要注意尽量委婉些，以免伤害下属的自尊和感情。

第六章 忧忧郁郁少行动——老实人的办事

　　老实人办事缺乏目标，往往只是跟着感觉走，走到哪算哪，结果总在一个地方绕圈子，整日奔波，忙忙碌碌，大多一事无成。老实人办事不分轻重，处理生活的方方面面时，大事小事一起来，他们认为每个任务都是一样的，只要时间被忙忙碌碌地打发掉，他们就从心底里高兴。老实人看不到自己的强项，老实人的生活中90％的时间是在混日子，他们为吃饭而吃饭，为工作而工作，为回家而回家，他们不愿意每天多花五分钟的时间努力成为自己理想中的样子。老实人办事缺少行动，他们的一生中有种种憧憬、种种理想、种种计划，但是他们坐视憧憬、理想、计划的幻灭和消失，他们总是拖延自己今天该干的事情，总是说"明天再做吧！"老实人办事爱钻"牛角尖"，办事比较迟钝，不会绕弯。

老实人不会求人办事

老实人求人办事时心急火燎，巴不得对方马上着手就办。如果对方一两天没什么动静，他便有些沉不住气了，一催再催，搞得人家很不耐烦。这也不是求人的正确态度。

也许，对方有自己的难处，不得不慢慢做打算；也许，他对应承你的事自有安排。一旦求了人家，就要充分相信人家。

战国时，魏国的国君魏文侯打算发兵征伐中山国。有人向他推荐一位叫乐羊的人，说他文武双全，一定能攻下中山国。可是有人又说乐羊的儿子乐舒如今正在中山国做大官，怕是投鼠忌器，乐羊不肯下手。

后来，魏文侯了解到乐羊曾经拒绝了儿子奉中山国君之命，发出的邀请，还劝儿子不要跟荒淫无道的中山国君跑了，文侯于是决定重用乐羊，派他带兵去征伐中山国。

乐羊带兵一直攻到中山国的都城，然后就按兵不动，只围不攻。

几个月过去了，乐羊还是没有攻打，魏国的大臣们都议论纷纷，可是魏文侯不听他们的，只是不断地派人去慰劳乐羊。

可是乐羊照旧按兵不动，他的手下西门豹忍不住询问乐羊为什么还不动手，乐羊说："我之所以只围不打，还宽限他们投降的日期，就是为了让中山国的百姓们看出谁是谁非，这样我们才能真正收服民心，我才不是为了区区乐舒一个人呢。"

又过了一个月，乐羊发动攻势，终于攻下了中山国的都城。乐羊留下西门豹，自己带兵回到魏国。

魏文侯亲自为乐羊接风洗尘，宴会完了之后，魏文侯送给乐羊一只箱子，让他拿回家再打开。

乐羊回家后打开箱子一看，原来里面全是自己攻打中山国时，大臣们诽谤自己的奏章。

如果魏文侯听信了别人的话，而沉不住气，中途对乐羊采取行动，那么后果可想而知，那就是：自己托付的事无法完成，双方的关系也再无法维持下去了。

由此可以看出，顺应时势，借助外力，请求他人就能以较小的代价成就较大的事情。如果在时机还没有成熟时就勉强去做，则很难奏效。因此，在现实生活中怎样顺应时势，克服自己的焦躁情绪是求人时应当注意的问题：

怎样使自己变得耐心一点，在紧张的情况下也保持心平气和呢？也就是说在不同环境下怎样消除烦恼的情绪，至少对它有所控制呢？

急性子的人大都不愿浪费时间，因此他们把时间安排得很挤，工作中的时间都安排得恰好，不容许有什么延误或出什么差错。不过，要想万无一失，最好还是留有一定的余地，你所参加的约会越重要，预留的时间就应越充裕。如果是一场必不可误的约会，那就应该留出大量的时间作回旋的余地。

你如果感到十分烦躁，无法理清思绪，请运用你的想象力，努力使自己深深地潜入一个宁静的身心环境，进入一个稳定、美妙的境地。一位朋友说："当我感到思绪纷乱的时候，我就努力想象小河岸边那宁静的风景胜地，它常使我的紧张和烦躁情绪消退许多。"

克服急躁，保持心平气和的方法之一是经常检查自己是否常犯这种毛病。如果你的急躁情绪仅属偶然，你的烦恼便自会消失。但如果你总是怒火中烧，粗鲁无礼，那就应该认识到你对自己是看得过重了，以致于对任何人或任何事都不愿等待。

幽默有时也能帮助你保持心平气和，想方设法将难堪的场面化为幽默的故事，以便使对方感到有趣可笑，努力使自己成为一个观察力敏锐的人，因为这样有助于你抵制急躁情绪的产生。

做个有耐心的人不容易，做到平心静气是处世态度的一种境界、一种气度和一种修养。这种修养一旦形成，对求人办事具有重大的作用，也是顺势求人最基本的要求。

老实人办事只顾低头干，没有计划

古时候有一个财主，找一个部落首领讨要一块土地。部落首领给他一个标杆，让他把标杆插到一个适当的地方，并答应他说：如果日落之前能返回来，就把从首领驻地到标杆之间的土地送给他。财主因为贪心，走得太远，不但日落之前没有赶回来，而且还累死在半路上。这个财主有目标、有行动，但因为没有合理的计划，所以失败了。

目标是指想要达到的境地或标准，有了目标，努力便有了方向。一个人有了明确的目标，就会精力集中，每天想的、做的基本上都与之所要实现的目标相吻合，避免做无用功。为了实现目标，他能始终处于一种主动求发展的竞技状态，能充分发挥主观能动作用，能精神饱满地投入学习和工作，能够脱离低级趣味的影响，而且为达到目标能够有所弃，一心向学，因此，能够尽快地实现优势积累。

从实践看，往往是奋斗目标越鲜明、越具体，越有益于成功。正如作家高尔基所说："一个人追求的目标越高，他的才能就发展得越快，对社会就越有益。"

公元前300多年，雅典有个叫台摩斯顿的人，年轻时立志做一个演说家。于是，四处拜师学习演说术。为了练好演说，他建造了一间地下室，每天在那里练嗓音；为了迫使自己不能外出，一心训练，他把头发剪一半留一半；为了克服口吃、发音困难的缺陷，他口中衔着石子朗诵长诗；为了矫正身体某些不适当的动作，他坐在利剑下；为了修正自己的面部表情，他对着镜子演讲。经过苦练，他终于成为当时"最伟大的演说家"。

我国东汉时期的思想家、哲学家王充，少年丧父，家里很穷，但他立志要学有所成。首先，他通过优异成绩获得乡里保送，进入了当时的全国最高学府——太学，利用太学里的藏书来丰富自己的头脑。当太学里的书不能满足他而自己又无钱购买时，便把市上的书铺当书房，整天在里面读书，通过帮人家干零活儿来换取免费读书的资格。就这样，他几乎读遍了洛阳城的所有书铺。由于他积累了丰富的知识，终于成为我国历史上著名的学者，并写出了至今仍有重要价值的《论衡》。

明末清初著名的史学家谈迁，29岁开始编写《国榷》。由于家境贫困，买不起参考书，他就忍辱到处求人，有时为了搜集一点资料，要带着铺盖和食物跑一百多里路。经过27年艰苦努力，《国榷》初稿写成了，先后修改6次，长达500多万字。不幸的是，初稿尚未出版却被盗了。这一沉重打击，令他肝胆欲裂，痛哭不已。然而却没有动摇他著书的雄心壮志。他擦干了眼泪，又从头写起。他不顾年老多病，东奔西走，历时八九载，写成了这部卷帙浩繁的巨著。

目标会使我们兴奋，目标会使我们发奋，因为走向目标便是走向成功，达到目标便是获得成功！成功是人的高级需要，世界上还有什么能比成功对人有巨大而持久的吸引力呢？

计划使你的行动有步骤，按步骤完成计划便是为成功做量的积累，按时全面完成计划，才会获得成功。构建高楼大厦要有蓝图，计划便是实现目标的蓝图。计划对于实现目标主要有以下四方面的作用：一是把实现目标的任务分解量化，使每周、每日、每时都有压力、有动力，有对目标的追求，也有成功的喜悦；二是使实现目标的行动由被动式变为主动式，使它成为一种自我约束、自我激励的行为；三是有利于养成良好的习惯，使目标自然而然地成为生活的必要组成部分，成为乐趣；四是有利于科学地分配时间和精力，向着目标所在一步一步地前进。

19世纪英国生物学家赫胥黎说："人生伟业的建立，不在于能知，乃在于能行。"没有行动，一切目标、计划都将落空，成功也就无从谈起。老子在《道德经》中说："合抱之木，生于毫末；九层之台，起于累土；千里之行，始于足下。"可见行动是完成计划奔向目标获得成功的保证。什么是行动的保证呢？行动主要靠自己来保证，任何外界的压力只能是暂时的。与人的自觉行动相关的因素主要有以下几方面：一是兴趣，包括直接兴趣和间接兴趣；二是习惯；三是意志，它是人的理想、信念、情感、需要的合成，坚强持久的意志便是毅力。兴趣、习惯和意志三者往往是综合起作用。

为了保证自己的行动有益有效，有始有终，应注意以下三点：

一、迈出第一步。凡事开头难，迈出第一步便是行动的开始。老实人总是不主动迈出第一步，一有困难，就让他们犹豫了，这足以让他们停止脚步。眼是懒蛋，手是好汉，一些看似很难的事，真正做起来就不那么难了。因此，迈出第一步很重要。美国的希尔博士在他所著的《人人都能成功》一书中写了这样一个故事：63岁的老太婆菲莉皮亚夫人，决定从纽约市步行到佛罗里达州的迈阿密市去，这段路程大约相当于从北京至香港的距离。当她到达迈阿密时，记者问她是如何鼓起勇气徒步旅行的？她回答说："走一步路是不需要勇气的。""我就是迈出一步，再迈一步，不停地迈，就到这里了。"在这段故事中，从纽约徒步到迈阿密是菲莉皮亚夫人的目标，一步接一步地走是她的计划，然后迈出第一步、再迈第二步、第三步……这就是她的行动。如果她不去"迈步"，她就永远也不能到达迈阿密。

二、立即行动。老实人有一种懒散的习性，做什么事情缺乏一种只争朝夕的精神。结果是"明日复明日，明日何其多；我生待明日，万事成蹉跎。"为了克服这种惰性，做事情应该雷厉风行，凡是看准了的事就立即行动。大家都熟悉并敬佩的美国那位使黑奴获得解放的林肯总统，他就是一个典型的雷厉风行的人。青年时期的林肯，在同别人合伙开店铺时意外地从废物堆里捡到一本《足本法律评注》。读完这本书以后，林肯受到了启发，他给自己确定了目标——当一名律师。为此，他穿越草原，到20英里（1英里≈1．6公里）外的春田镇向一位律师借阅其他法律书籍。他刻苦钻研，心无旁骛。白天，他在小店的榆树下看书；晚上，他用废料点灯，在店里读书。无论何时何地，他的手中或腋下总有一本法律书籍。有一天，一位叫曼塔·葛拉罕的人对林肯说："若想在政界和法律界发迹，非懂文法不可。"林肯便立即询问到哪儿去借这类书。当他听说6英里外的农夫约翰·凡斯有一本《科克罕文法》之后，便立刻戴上帽子去借书。就是靠这种立即行动，林肯很快成为一名出色的律师。

三、雷打不动。老实人的行动容易受主客观因素的干扰，或中断、或放弃，造成前功尽弃。要使目标能得以实现，必须确保自己的行动雷打不动，天天如此。古人云："苟有恒，何须三更睡五更起；最无益，莫过一日曝十日寒。"齐白石画的虾，栩栩如生，清润透明。他曾说："余之画虾已经数变，初只略似，一变逼真，再变色分深浅，此三变也……几十年才得其神。"正是雷打不动的行动准则才造就了他那炉火纯青的画艺。齐白石给自己定的规矩是每天作一幅画。在他过90岁生日的时候，因为客人多，没有腾出时间作画，就第二天多画一幅补上。

如果你不想做一个被别人轻视、歧视、压迫的老实人，不想做一个对家庭、对社会都是累赘的老实人，那么，你就应该给自己确立发展目标，制定达到这些目标的计划，并且用实际行动来保证计划的完成，目标的实现。

老实人办事没目标，只凭感觉

好些老实人没有一个明确的生活目标，跟着感觉走，走到哪算哪，结果总在一个地方绕圈子，奔奔波波，忙忙碌碌，却一事无成。如果你不想成为老实人中的一员，请尽快明确人生的目标。

一、目标带来动力

如果你知道你需要什么，就会有一种开始行动的冲动。

因为有了目标，你的工作就会变得有乐趣了。你因受到激励而愿付出代价。你能够预算好时间和金钱了。你愿意研究、思考和设计你的目标。你对你的目标思考愈多，你就会愈热情，你的愿望就变成热烈的愿望。

你对一些机会也变得很敏锐了。这些机会将帮助你达到目标。由于你有了明确的目标，你知道你想要什么，你就很容易察觉到这些机会。

二、划出人生线路

先确立一个大目标，然后将它分成多个小目标。对于最近的目标积极付出努力，因为这些目标可以在比较短的时间内实现。你达到这个小目标的时候，觉得有了进步，便感到很高兴，然后休息一会，又鼓起劲来，树起第二个目标，向着目标前进。

人生好像是爬山一样。你最先必须有一种到达山顶的强烈欲望。如果你只满足于站在山谷中，永远不会到达山顶。如果你只是悠闲地望着山顶，或是想象着你已经到了那里，那你也绝不能到达山顶的。你必须鼓起劲来，努力攀登。如果你只望着山顶，糊里糊涂地往上爬，不管路上的岩石，那么，你可能摔倒，摔伤，甚至迷路。你的目的地是山顶，山顶有时清楚，有时模糊，有时完全看不见，但是不管看见看不见，总是你最后的目标。

最后的目标使你不致迷失路途，好像指南针一样。不过如何爬山则要靠你自己的努力了。

三、重视眼前工作

工作、家庭与社交三方面是紧密相连的，每一方面都跟其他方面有关，但影响最大的是你的工作。你的家庭的生活水准、你在社交中的名望，大部分是以你的工作表现决定的。所以，将眼前工作干好，等于为未来铺垫基石。

四、希望与结果成正比

人的内心有着无限的力量，当一个人满怀希望，充分发挥出他的个性时，他的人生就会有惊人的闪光，不可能的事也会陆陆续续地变成可能。

五、决心

命运也会臣服于人的决心。当我们有了某种决心，并且相信实现的可能性时，各方面的力量都会动起来，把自己推到实现的方向。

不管你现在处于何种恶劣的环境中，也不要被环境打垮，而要为了达到目标去努力，向着更大的目标挑战。当你这样做时，已经一步一步地走向成功之路了。

六、理性

你要什么、想做什么、想成为什么？作这些决定不能依赖潜意识，要凭理性。也就是说，从身边的事到一生的计划，凡是决定自己意志的都是理性的任务。

理性不但能帮助我们订立目标，还能帮助我们在情势不利时明智地改变目标，并使我们的行为不会无理、偏见或受别人意见的左右。

七、让目标融入生活

没有人会怀疑设定明确目标对成功的重要性——然而，多数人都没有真正地牢记目标并按目标去生活。目标不仅是一个努力方向，还应该是一个衡量尺度，用它来分清生活中的哪些事是有益的，哪些是有害的，然后按利害关系来决定做与不做。假如目标只留在纸面上，停在口头上或藏在头脑中，就变得毫无意义。

八、不要认为自己"无能为力"

没有一个"无能为力"的人，也没有一件"无能为力"的事，除非你自己准备放弃。下面两个建议一旦和你的毅力相结合，你期望的结果便易于获得：

1. 告诉自己"总会有别的办法可以办到"。每年有几千家新公司获准成立，可是5年以后，只有一小部分继续营运。那些半路退出的人会这么说："竞争实在是太激烈了，只好退出为妙。"真正的关键在于他们遭遇障碍时，只想到失败，因此才会失败。

你如果认为困难无法解决，就会真的找不到出路。因此一定要拒绝"无能为力"的想法。

2. 先停下，然后再重新开始。我们时常钻进牛角尖而不知自拔，因而看不出新的解决方法。

老实人做事不分轻重

老实人在处理日常生活的方方面面时，的确分不清哪个更重要，哪个更紧急。老实人以为每个任务都是一样的，只要时间被忙忙碌碌地打发掉，他们就从心眼里高兴。

老实人是根据事情的紧迫感，而不是事情的优先程度来安排先后顺序的。

把一天的时间安排好，这对于成就大事是很关键的。

行动没有章法，眉毛胡子一把抓，不能分清轻重，这样不会一步一步地把事情做得有节奏、有条理，反而会导致很坏的结果。

在紧急但不重要的事情和重要但不紧急的事情之间，你首先去办哪一个？面对这个问题你或许会很为难。

在现实生活中，有些老实人就是这样，这正如法国哲学家布莱斯·巴斯卡所说："把什么放在第一位，是人们最难懂得的。"对这些老实人来说，这句话不幸而言中，他们完全不知道怎样把人生的任务和责任按重要性排列。他们以为工作本身就是成绩，但这其实是大谬不然。

不妨举一个例子，我们在学校学习的过程中，最缺的是什么？可能有许多人都有同感，我们最缺的就是钱。在这个时期，我们可以认为，对于我们的一生而言，学习对我们是重要的，但却不是最紧急的，而钱对我们是紧急的（我们会举出许多理由，如我们已经长大了，不想要父母的钱等等），但却不是最重要的。在这个十字路口，我们选择什么？

对这个问题，不同的人有不同的选择。有的早早就选择弃学从商，有的依然选择在校学习，而更可悲的人还有，无论他是弃学经商还是在校学习，他都不知道他在做什么？

实际上，懂得美丽生活的人都是明白轻重缓急的道理的，他们在处理一年或一个月、一天的事情之前，总是按分清主次的办法来安排自己的时间。

一、把重要事情摆在第一位

商业及电脑巨子罗斯·佩罗说："凡是优秀的、值得称道的东西，每时每刻都处在刀刃上，要不断努力才能保持刀刃的锋利。"罗斯认识到，人们确定了事情的重要性之后，不等于事情会自动办得好。你或许要花大力气才能把这些重要的事情做好。而始终要把它们摆在第一位，你肯定要费很大的劲。下面是有助于你做到这一点的三步计划：

1．估价。首先，你要用上面所提到的目标、需要、回报和满足感四原则对将要做的事情作一个估价。

2．去除。第二步是去除你不必要做的事，把要做但不一定要你做的事委托别人去做。

3．估计。记下你为达到目标必须做的事，包括完成任务需要多长时间，谁可以帮助你完成任务等资料。

二、精心确定主次

在确定每一年或每一天该做什么之前，你必须对自己应该如何利用时间有更全面的看法。要做到这一点，你要问自己四个问题：

1．我从哪里来，要到哪里去？

我们每个人都肩负着一个沉重的责任，可能再过20年，我们每个人都有可能成为公司的领导、大企业家、大科学家。所以，我们要解决的第一个问题就是，我们要明白自己将来要干什么？只有这样，我们才能持之以恒地朝这个目标不断努力，把一切和自己无关的事情统统抛弃。

2．我需要做什么？

要分清缓急，还应弄清自己需要做什么。总会有些任务是你非做不可的。重要的是你必须分清某个任务是否一定要做，或是否一定要由你去做。这两种情况是不同的。非做不可，但并非一定要你亲自做的事情，你可以委派别人去做，自己只负责监督其完成。

3．什么能给我最高回报？

人们应该把时间和精力集中在能给自己最高回报的事情上，即他们会比别人干得出色的事情上。在这方面，让我们用巴莱托定律（80／20）来引导自己：人们应该用80％的时间做能带来最高回报的事情，而用20％的时间做其他事情，这样使用时间是最具有战略眼光的。

4．什么能给我最大的满足感？

有些人认为能带来最高回报的事情就一定能给自己最大的满足感。但并非任何一种情况都是这样。无论你地位如何，你总需要把部分时间用于做能带给你满足感和快乐的事情上。这样你会始终保持生活热情，因为你的生活是有趣的。

三、根据轻重缓急开始行动

在确定了应该做哪几件事之后，你必须按它们的轻重缓急开始行动。大部分人是根据事情的紧迫感，而不是事情的优先程度来安排先后顺序的。这些人的做法是被动的而不是主动的。懂得生活的人个能这样，而是按优先程度开展工作。以下是两个建议：

1．每天开始都有一张优先表。

伯利恒钢铁公司总裁查理斯·舒瓦普曾会见效率专家艾维·利。会见时，艾维·利说自己的公司能帮助舒瓦普把他的钢铁公司管理得更好。舒瓦普承认他自己懂得如何管理，但事实上公司不尽如人意。可是他说自己需要的不是更多知识，而是更多行动。他说："应该做什么，我们自己是清楚的。如果你能告诉我们如何更好地执行计划，我听你的，在合理范围之内价钱由你定。"

艾维·利说可以在10分钟内给舒瓦普一样东西，这东西能使他的公司的业绩提高至少50％。然后他递给舒瓦普一张空白纸，说："在这张纸上写下你明天要做的6件最重要的事。"过了一会儿又说："现在用数字标明每件事情对于你和你的公司的重要性次序。"这花了大约5分钟。艾维·利接着说："现在把这张纸放进门袋：明天早上第一件事是把纸条拿出来，做第一项。不要看其他的，只看第一项。着手办第一件事，直至完成为止。然后用同样方法对待第二项、第三项……直到你下班为止。如果你只做完第一件事，那不要紧。你总是做着最重要的事情。"

艾维·利又说："每一天都要这样做。你对这种方法的价值深信不疑之后，叫你公司的人也这样干。这个试验你爱做多久就做多久，然后给我寄支票来，你认为值多少就给我多少。"

整个会见历时不到半个钟头。几个星期之后，舒瓦普给艾维·利寄去一张2．5万元的支票，还有一封信。信上说从钱的观点看，那是他一生中最有价值的一课。后来有人说，5年之后，这个当年不为人知的小钢铁厂一跃而成为世界上最大的独立钢铁厂，而其中，艾维·利提出的方法功不可没。这个方法还为查理斯·舒瓦普赚得一亿美元。

2．把事情按先后顺序写下来，定个进度表。

把一天的时间安排好，这对于你成就大事是很关键的。这样你可以每时每刻集中精力处理要做的事。但把一周、一个月、一年的时间安排好，也是同样重要的。这样做给你一个整体方向，使你看到自己的宏图，从而有助于你达到目的。

你要拥有争抢时效的方法——绝不拖延，立即开始行动，不可眉毛胡子一把抓。

老实人看不到自己的强项

老实人生活中90％的时间只是在混日子。老实人的生活层次只停留在：为吃饭而吃、为搭公车而搭车、为工作而工作、为回家而回家。

成功者与老实人只差别在一些小小的动作：每天花5分钟阅读、多打一个电话、多努力一点、在适当时机的一个表示、表演上多费一点心思、多做一些研究，或在实验室中多试验一次。

在行动之前自己就知道是否足以胜任这一个任务。

没有任何借口可以解释为什么长时间仍然无法胜任一项工作。

不论想追求的是什么，必须强迫自己增强能力以实现目标。

勤加练习、勤加练习、最后还是勤加练习！决不放弃学习，而且一定要将学到的知识运用于日常生活中。

如果一个人能把所有精力都投入到自己的强项上，结果会怎样？必然会有所建树！

渥沦·哈特葛伦博士是一位博学多才的老人，他以前是一所大教堂的牧师，后来退休了。他曾经问过一位年轻人是否了解南非树蛙，年轻人坦白地说：不知道。

博士诚恳地说："如果你想知道，你可以每天花五分钟的时间阅读相关资料，这样，5年内你就会成为最懂南非树蛙的人，你会成为这一领域中最具权威的人。"

年轻人当时未置可否，但他后来却常常想起博士的这番话，觉得这番话真的道出了许多人生哲理。

老实人都不愿意每天投资5分钟的时间努力成为自己理想中的人。

老实人从一个地方逛到另一个地方，事情做完一件又一件，好像做了很多事，但却很少有时间从事自己真正想完成的目标。就这样，一直到老死。我们可以猜想很多人临到退休时，才发现自己虚度了大半生，剩余的日子又在病痛中一点一点地流逝。

只要再多一点能力；

只要再多敏捷一点；

只要再多准备一点；

只要再多注意一点；

只要再多培养一点精力；

只要再多一点创造力。

通常只有遇到实际的状况后，才能分辨你的能力足不足以胜任那份工作。如果你是一个外科医生，动手术时却手脚笨拙，就说明你医术不佳；如果你是一个厨师，人们无法知道你厨艺好不好，除非你准备了一顿让人食不下咽的餐点，人们才会晓得。

评断你能力的最佳裁判不是你的老师、消费者或你的朋友——而是你自己！

在行动之前你自己就知道你是否足以胜任这一个任务。你可以想尽办法掩饰你的无能，并祈祷没有人会发现你知道的很少、动作多么地不熟练。但终究你还是得面对自己的无能，也必须自己想办法修正。

没有任何借口可以解释你为什么长时间仍然无法胜任一项工作。第一天你可能什么都不知道，第二天你应该懂点什么。第一次尝试一份工作，你可能没办法表现得很完美，但经过一、两天的练习，你应该要比第一天做得更好。

别人可能也无法真正断言你是不是一个诚实的人——在实际的表现之前。只有你自己才知道自己的动机或企图；只有你自己才知道你诚不诚实、值不值得信赖；只有你自己才知道你提供的交易公不公平。

人们通常了解他们自己是不是欺骗了他人，如果自己连这点都不知道，就已经成为病态的骗子，行为上也会有严重的偏差。

不论你想追求的是什么，你必须强迫自己增强能力以实现目标。

这就需要钻研自己的领域。认真地研读、仔细地观看、专心地聆听这行中顶尖的人的言行举止，并效法他们的作为。

勤加练习、勤加练习、最后还是勤加练习！决不放弃学习，而且一定要将学到的知识运用于日常生活中。

保持与这一领域的最新发明、最先进技术和最新研究的资讯渠道畅通。参加新的发表会、展示会、讨论会或其他各种集会。敏锐地观察相关的新趋势、新发现，你会为从中发觉新的可能而感到兴奋，这表示你可能已基于过去的努力而为未来发现了新的方向。你将会越来越杰出。

老实人做事好拖延

　　一份分析数百名百万富翁的报告显示，这其中每一个人都有迅速下定决心的习惯，而且改变初衷的时候会慢慢来。老实人则毫无例外，遇事迟疑不决、犹豫再三，就算是终于下了决心，也是推三阻四拖泥带水，一点也不干脆利落，而且又习于朝令夕改，一日数变。

　　一个人易犯的大错，就是怕犯错。老实人最怕犯错误，出什么岔子。犹豫不决是避免责任与犯错的一种"方法"，它有一个谬误的前提：不做决定，不会犯错。希望做到至善至美的人，特别惧怕犯错；他从没有犯过错，一切事情都做得很完善，如果他对不起这幅完善的图像，强劲的自我就会被击得粉碎，因此，他认为作决定是生死攸关的事情。

　　这种老实人有一个"方法"。方法是：尽量不做太多的决定，而且尽量拖延决定。

　　显而易见，这一类型的老实人都错了，他们根本做不了事情，因为他一点也没有行动。

　　一份分析2500名尝到败绩的男女的报告显示了，迟疑不决几乎高居31种失败原因的榜首。

　　决心的反面即是拖延，拖延是每一个人必须切实地征服的公敌。

　　该做决定的时候怎么办？要决定的事，简单的如今天该穿什么衣服，到哪儿吃午饭。慎重的譬如要不要辞职等，你是不是既做决定，就按部就班接着下去？还是过分担忧会有什么后果？

由于恐惧自主，恐惧批评，恐惧改变，迟迟不能决定，而愈是犹豫就愈恐惧。人产生犹豫的缘故十之八九是因为有某种恐惧感。

为了怕别人笑，最最单纯的事也可以反复思索数小时。能买那条红缎的床罩吗？下班后要不要去喝一杯？请人家吃饭该做牛肉还是茄子？要是做了牛肉，绝不会说我小气。茄子好像太小家子气，而且……

再者是恐惧别人把你定型为某一类的人。这种情形大致算是一种自我封闭的恐惧：自以为决定做一件事就表示其他的事你都不能做，一辈子只限于一个范围之内。例如，体育好的头脑就不行；只可能语文好或数学好，不可能两者都好；或不可能同时喜欢古典音乐和摇滚乐。

头脑好有才气的人多半有这种困扰。如有位书读得不错的女孩，不知道该学医还是学声乐，为了考虑好，就暂时做些杂工作，一做就是五年，仍决定不了。最后是读了医，但是，白白浪费了五年时间，如果读医或学声乐，都该有点成绩了。

恐惧、后悔、效率差都和缺乏决断力有连带关系。先耗了时间和精力去想该不该去这么做，又要耗时间和精力去想要不要那样做。心情整日被这些事压得沉重了，人也变得郁闷无趣。可能因为拿不定主意而爱听别人的意见，依赖别人，久而久之，觉得别人都在找你的别扭，随时等着挑你的毛病，以至于仇视他人。

你也许听说过那匹可怜的毛驴的故事：

一匹毛驴幸运地得到了两堆草料，然而幸运却毁了这可怜的家伙，它站在两堆草料中间，犹豫着不知先吃哪一堆才好，就这样，守着近在嘴边的食物，这匹毛驴活活饿死了。

世间最可怜的，是那些遇事举棋不定，犹豫不决，经常彷徨歧路，不知所措的人，是那些自己没有主意，不能抉择，依赖别人的人。这种主意不定，自信不坚的人，难于得到别人的信任。

有些人简直是无可救药的狐疑寡断。他们不敢决定各种事件，因为他们不知道这决定的结果究竟是好是坏，是吉是凶。有些人本领不差，人格也好，但因为寡断，他们的一生就给糟蹋了。

决断敏捷的人，即使犯错误，也不要紧。因为他对事业的推动作用，总比那些胆小狐疑不敢冒险的人敏捷得多。站在河边，裹足不动的人，永远不会渡过河去。

假使你有寡断的倾向或习惯，你应该立刻奋起击败这种恶魔，因为它足以破坏你各种进取的机会。

在你决定某一件事情以前，你应该对各方面情况有所了解，你应该运用全部的常识与理智，郑重考虑，一经决定以后，就不要轻易反悔。

练习敏捷、坚毅的决断，成为一种习惯，你会受益无穷。那时，你不但对自己有自信，而且也能得到别人的信任。

主意不定，对于一个人品格的锻炼，是致命的打击。有这种弱点的老实人，从来不会是有毅力的人。这种弱点，可以破坏一个人对自己的信赖，可以破坏他的判断力，并有害于他的精神能力。

要成就事业，必须学会成竹在胸，使你的正确决断，坚定、稳固得像山岳一样。情感意气的波浪不能震荡它，别人的反对意见以及种种外界的侵袭，都不能打动它。

敏捷、坚毅、决断的力量，是一切力量中的力量。假使你一生没有养成敏捷坚毅的决断的能力，那你的一生，将如一叶漂荡海中的孤舟。你的生命之舟，将永远漂泊，永远不能靠岸。你的生命之舟，将时时刻刻，都在暴风猛浪的袭击中。

决心的价值取决于下定决心所需的勇气，奠下文明根基的重大决策，往往要背负着生死存亡的风险，才做得成最后的决定。

林肯决心发表其著名的解放黑奴宣言，赋予美国黑人自由。在发表之初，林肯完全了解，此举将使得成千上万原先支持他的朋友和政界人士转而反对他。

苏格拉底宁可喝下毒药，也不愿意调整个人信念，正是凭借勇气所下的决心。此举使时代推进了100年，赋予当时的人那时还未有的思想自由权和发言自由权。

你在搜寻方法窍门的时候，不要去找奇迹，因为奇迹是找不到的，你只会找到永恒的自然法则。有勇气信心运用这些法则的人，都可以寻获这些定理定律。这些法则可以带给一个国家自由，也可用以累积财富。

能迅速下定决心的人知所取舍，取得所需也往往如探囊取物。各社会阶层、各行各业的领袖下起决心来，都既坚定又迅速。唯其如此，他们才会成为领导人。

老实人往往在年纪还轻的时候，就养成了迟疑不决的习惯。一路从小学、中学，甚至到大学，缺乏确切目标的恶习已渐积重难返。

拿不定主意的习惯会跟着在校的学生走入他日后选择的职业里，那就是说，如果他终于真的选定了人那一行的话。一般而言，初入社会的年轻人，会去找谋得到的任何一份差事做，因为他已习惯于迟疑不决。

拿定主意始终需要勇气，有时需要的勇气极大。有时甚至以自己的身家性命下了注。下定决心要争取到一份工作的人不会在这样的抉择里赌上性命；要求人生付出所求代价时，也不必卯上自己的生命；下的赌注是个人经济上的自由。

老实人缺少行动

老实人在一生中，总有种种的憧憬，种种的理想，种种的计划。假使他们能够将一切的憧憬都抓住，将一切的理想都实现，将一切的计划都执行，那他们在事业上的成就，真不知要怎样的宏大，他们的生命，真不知要怎样的伟大。然而他们往往是有憧憬不能抓住，有理想不能实现，有计划不去执行，终于坐视种种憧憬、理想、计划的幻灭和消逝。

他们总是拖延自己今天应该干的事情，总是想着明天再做。

在兴趣、热忱浓厚的时候做一件事，与在兴趣、热忱消失了以后做一件事，它的难易、苦乐，真不知相差多少！在兴趣、热忱浓厚时，做事是一种喜悦；兴趣、热忱消失时，做事是一种痛苦。

搁着今天的事不做，而想留待明天做，就在这个拖延中所耗去的时间、精力，实际上就够将那件事做好。

拖延的习惯很妨碍人的行事。俗话说："命运无常，良缘难再。"在我们一生中，若错过良好机会，不及时抓住，以后就可能永远失去了。

一个生动而强烈的意想、观念，忽然闯入一位著作家的脑海，使他生出一种不可阻遏的冲动，便想提起笔来，将那美丽生动的意象、境界，移向白纸。但那时他由于某种原因，没有立刻就写。那个意象还是不断地在他脑海中活跃，催促，然而他还是拖延。后来，那意象会逐渐地模糊、褪色，终于完全消失。

一个神奇美妙的印象，突然闪电一般地袭入一位画家的心灵。但是他不想立刻提起画笔，将那不朽的印象，表现在画布上，虽然这个印象占领了他全部的心灵，然而他不跑进画室，埋首挥毫。最后，这幅神奇的图画，就会渐渐地从他眼前淡去。

为什么这些印象，冲动是这样的来去无踪？其来也，是这样的强烈而生动；其去也，是这样的迅速而飘忽？就因为这些印象之来，原是我们在当初新鲜、灵活时，立刻就去利用它们的。

拖延往往会生出悲惨的结局。恺撒因为接到了报告，没有立刻展读，遂至一到议会，丧失了生命。拉尔上校正在玩纸牌，忽然有人递来一个报告，说华盛顿的军队，已经进展到提拉瓦尔。他将报告塞入衣袋中，牌局完毕，他才展开阅读，虽然他立刻调集部下，出发应战，但时间已经太迟了，结果是全军被俘，自己也因此战死。仅仅是几分钟的延迟，使他丧失了尊荣、自由与生命。

拖延着明天去做，是老实人的弱点。

为什么他们要拖延着明天去做呢？

一、他们自己欺骗自己，要自己相信以后还有更多的时间。这种情形在他们要做一件大事时特别会有此倾向。通常事情越大，他们越会拖延。

二、有些事情现在看来似乎不重要，有些事情的结果太远，也许他们先做其他事情，等到逼不得已再来做这些事。有些人拖延的事情太大，以至到了不做不行的时候，他们每天忙得团团转，犹如救火员一样。

三、没有人逼。除非有人逼他们去完成。被人一逼，他们才会去做。

四、他们拖延工作是因为它们似乎是令人不愉快的、困难的或冗长的。不幸的是他们越拖延，就越令人不快。

所以，老实人要克服自己拖延的毛病，一定要记住：

现在有事情，现在就做，不要明天再说。

老实人喜欢钻"牛角尖"

其实钻"牛角尖"的原意是形容费力钻研那些不值得研究或无法解决的问题。现实生活中人们基本上把这一点引申为想问题、办事情比较迟钝，不会转弯。

比如一个老实人给一位心理专家写信说："我这个人是班里有名的死脑筋，想问题、做作业总是死搬教条，因此常常钻牛角尖。"因此，钻"牛角尖"就是"死脑筋"的同义词。

现在，我们就按照所延伸的这层意思来讲讲这个问题。

所称的"死脑筋"，主要是思维的灵活性比较差。

可是为什么老实人思维不灵活呢？

其实这里有先天性的生理原因，也有后天的修养原因。

从先天的原因来看，主要和人的高级神经活动的特点有关。

人的高级神经活动分为四种基本的类型。

其中一种为"安静型"，属于这种类型的人，他们大脑的高级神经活动有一个较突出的特点，那就是在对外界的影响做出反应时很迟钝。

只要你稍微留心一下就可能发现，我们周围这种慢节奏的人很多，平常我们把这种人称为"慢性子"。

这种慢性子的人会表现在他的心理活动的各个方面，所以他在看问题、办事情时，就可能表现出惰性的色彩：到了拐弯处，他难以迅速转弯，还需要走一阵子，甚至一直走下去，以至于钻进牛角尖。

从后天的修养来看，主要是因为在后天氛围中，人们不同的心理特征对思维灵活性的影响，以及从思维自身的特征来说，有些人的思维，是发散式的。因此想问题比较开放，一些人喜欢从不同的角度来想象，另外有的人的思维是集中式的。这种人想象总是较倾向于整齐划一，热衷于从一条思维去找寻答案，追求稳定。相对来说，那种集中式思维特征比较突出的人，容易陷入"牛角尖"。

还有过强的好胜心，死要面子，孤立性较强，对价值的判断力不高等等同样把人引进牛角尖。

例如，人都很顾面子，可是如何才能顾全面子呢？有的人很明白，死争面子反而会丢尽面子。

所以，在可能丢面子的时候，一定要适可而止，见机行事；虽有损失，但也无伤大雅；时间一长，就会烟消云散。而老实人就不是这样，他们在"此路不通"已明显可见时，还非要往里钻，最后很可能聪明反被聪明误，反而落得被人嘲笑。一旦走到这一步，就可能会"一次败北"，总想着"卷土重来"，想尽力挽回损失；时间一长，便养成一种顽固不化的思维模式——"钻牛角尖"。

第七章　不懂方圆累自己——
老实人的生活

　　其实，老实人活得很累，老老实实，窝窝囊囊，被社会上的人看不起，单位里受人挤兑，家里受气。老实人做人太过于爱面子，明明自己办不到的事情，总是宁可委屈自己，自己累点，也要硬撑着。老实人的一辈子总是"低头拉车。不知抬头看路"，往往会陷入"干的不如看的，看的不如玩的"的境地。老实人喜欢做个老好人，他们想让人人都满意，只讲动机，不讲效果，不计后果，往往好心不得好报，受人埋怨。

老实人活得太累

老实人抹不开面子，明明知道自己很难办到的事，硬是撑着，结果是使自己受累，对方也往往会感到尴尬。

下面就是关于一个老实人的故事：

阿杰刚参加工作不久，姑妈来到这个城市看他。阿杰陪着姑妈把这个小城转了转，就到了吃饭的时间。

阿杰身上只有五十块钱，这已是他所能拿出招待对他很好的姑妈的全部资金，他很想找个小餐馆随便吃一点，可姑妈却偏偏相中了一家很体面的餐厅。阿杰没办法，只得硬着头皮随她走了进去。

俩人坐下来后，姑妈开始点菜，当她征询阿杰意见时，阿杰只是含混地说："随便，随便。"此时，他的心中七上八下，放在衣袋中的手里紧紧抓着那仅有的五十元钱。这钱显然是不够的，怎么办？

可是姑妈一点也没注意到阿杰的不安，她不住口地夸赞着这儿可口的饭菜，阿杰却什么味道都没吃出来。

最后的时刻终于来了，彬彬有礼的侍者拿来了账单，径直向阿杰走来，阿杰张开嘴，却什么也没说出来。

姑妈温和地笑了，她拿过账单，把钱给了侍者，然后盯着阿杰说："小伙子，我知道你的感觉，我一直在等你说不，可你为什么不说呢？要知道，有些时候一定要勇敢坚决地把这个字说出来，这是最好的选择。我来这里，就是想让你知道这个道理。"

这一课对所有的老实人都很重要：在你力不能及的时候要勇敢地把"不"说出来，否则你将陷入更加难堪受累的境地。

一位曾以助人为乐趣的老实人唠叨说：

"能帮上忙我很快乐，但是我也不想因帮忙而得到不尊重的态度。有回午夜时分一个陌生的太太，说要将她的三个孩子送来我家，且负责上下学、伙食和床边故事，还说是对我放心才给我带。另一回，也是带人家的小孩，小孩的父亲怪我伙食不行，还说我没教孩子英文、珠算、数学！还有一次，人家托我带孩子，说好晚间八点准时到，结果我等到十二点还没到！打电话去问，说是'误会'，就不了了之。上班时，会计小姐在年度结算，托我帮忙，我算得头昏脑涨，那小姐却喝茶快活去了，最后，还怪我算太慢，害她被老板骂。"

老实人应该懂得保护自己，该推脱的必须推脱，不要凡事都往自己身上揽，这样别人才会重视你，尊重你。一味地好心，不止加重了别人的依赖，也加重了自己的负担，导致自己的生活太累。

老实人易当"老好人"

老实人喜欢做个老好人，只讲动机，不讲效果，不计后果，结果好心不得好报，反而自食其果。

你还记得有一年的春节晚会上的一个小品吗？是讲一个职员在单位因为职位低而被人看不起，后来他发现无论职位多高的人在买火车票的问题上都很困难，所以大家认为能在别人买不到车票的情况下搞到票的人很有本事。这个职员本来在火车站没有熟人，为了表明自己有能力，他硬是对别人说在火车票售完后依然能搞到票，结果有很多同事请他帮忙，他是有求必应，答应了别人，而自己确实没有熟人，只好半夜三更去排队买票，结果托他买票的人越来越多，把自己逼进了死胡同，有时他不得不自己贴钱买高价票，更别说抱着被子上火车站一待就是一夜的痛苦了。这就是没有考虑自己的能力，轻易地答应帮忙造成的后果。票买来了，大家认为你真了不起；买不来，那人就会认为，你既然能给别人买来了，为什么不给我买，是看不起我吧！于是反而失去了信誉。这说明，如果你没有一定的能力，还是不要把事情往自己身上揽，有时候，老好人当不得。

在你不具备某种能力的情况下，夸下海口，大包大揽，结果只会耽误了事情，进而影响到你自己的声誉，别人会觉得：其实你根本就不行！

美国有家大公司的总会计师，才35岁，才华横溢，收入丰厚，他是在拿到会计学硕士学位后干到了现在的职位。但是，他受到了极大的挫折，忧心忡忡，最后不得不接受心理咨询。在心理医生那儿，他讲述了自己的经历。他在9岁和17岁时，有过两次成功的经历，一次是推销杂志，发展到有好几个小伙伴帮着他一起干；另一次是和别人组织建立了一家印刷厂，他干业务，攒下来的钱足以供他上学用了。两次都是成功的推销技能帮了他的忙。后来，由于他父亲的建议，他在大学开始学会计学，然后他又靠干推销和经营挣来的钱拿到了硕士学位。从学校毕业，他就被这家大公司录用，在企业里一直干到总会计师的位置。可是，他的工作经常为人指责，他碰到了越来越多的工作挫折，常常有人议论他的总会计师的工作，另一方面，他总是在一周结束时才感到高兴。结果，他的公司、同事对他的工作越来越不满，包括他自己也对自己越来越没信心。心理医生帮助他解开了心结：他并没有能力从事总会计师的职位，因为虽然他获得了硕士学位，但他的兴趣不在此，所以作为公司的一名普通会计人员他还可以胜任，至于"总会计师"一职则超出了他的能力范围。在咨询活动后，他终于想通了，他主动向公司请求辞去"总会计师"一职，转到销售部。这家公司失去了一个名不符实的总会计师，却得到了一个乐此不疲和富有成效的销售管理人员。当他谈到这件事情的时候，他说："永远也不要干你自己无法胜任的事，那样做首先是害了你自己，你将变得不快乐并且忧心忡忡，因为你做的都是你所无法完成或最多也只能勉强完成的事；而且你也伤害了信任你、委托你办事的人，对工作更是一种损失。"

能力是你于成功一件事情的必要条件，在条件不具备的时候不要贸然行动，否则就会费力不讨好。

老实人只知"低头拉车"，不知"抬头看路"

平时我们常说的诚实、谦虚、坦率、正直、肯干，乍看起来是老实人应具备的优秀品质，但是如果一味傻用，一定会把诸如工作、事业、友情引向死胡同。就像老实人在向前奋进的人生旅途中，不能观察对手们的动静和脸色，常常会陷入"盲人赛跑"的境地。老实人只要在前方有了一个目标，他们就拼命低头猛干，而对竞争对手的所言所行毫不在意，只是自顾自地往前冲刺，却没有看见由于自己的愚昧和鲁莽，把灰尘和泥泞都溅到了别人的身上，即使发现，他们也不以为意，因为他们是"只低头拉车，不抬头看路。"一个光知干，而不知看的人，往往是一个不识眉眼、不懂分寸的人，多半不会受到周围人的欢迎。这种老实人如果担任单位主要职务，很可能会将最脆弱而无防备的一面，暴露给一些想讨好他上级主管的下属，给他们制造许多越级打小报告的机会，同时将自己的把柄落在那些正"看"着他的竞争对象的手中。举例来说，一位自卑感很重的人，认为没有受到高等教育，不懂人情世故，于是变得一天比一天更孤僻偏激,从而疑神疑鬼,进而怀恨别人。此时,他可能会先把这位愚直的只会干工作的人列为自己的竞争对手,认为所有的不对劲都是因他而起,决定找个机会好好地施加报复。这样一来,光知道干的老实人岂不枉受了比别人更多的攻击?

单凭"老实和正直"干工作的人,绝不会发现一般人都具有的自我优越感,而高估了自己的"形象"。这里说得形象不是纯指客观上的,而是带有些许主观性的执着。

例如,有人以为自己很能干,干得也很出色,就坦率而愚直地评估别人,即使评估得不偏颇,也会伤害当事人的自尊。无论是上司、同事或部属,都不愿意将真实的自己完全暴露在别人面前:因为,任何人都有一种信念,认为自己身上存在着某种比他人优越的地方长处。在单位里很能干工作的业务主管可能有如下的自我认定:我待人亲切又体贴;我的薪资所得虽然不多,但这并不代表我的能力不好;在所属的部门,担任重要的职务,贡献良多,使单位的业务蒸蒸日上,收到许多订单,这都是我个人的魅力所致,我的部属也因此受惠,而能保住这份工作和职位。

但是,在部属眼里,他的形象可能就不是这样子,在他们的心里可能会这么想——我的主管好像还不知道,单位里有一面照妖镜,任何事物在这镜子前一晃,就原形毕露。以这位主管来说,在找到10亿美元的市场前,他不是被逼得一连三次改变销售计划吗?还有,由于他的贪杯酗酒和无礼的行为,不知道失去了多少机会,否则,收到的订单也不止目前这个数字……瞧瞧,这就是一味埋头傻干者的好处!

每个人都有自我形象,且在心中以最高的诚意供奉着这个形象,不容别人加以毁损,更不欢迎那些心直口快的人,任意将实情点破,作毫不留情的批判。

在此奉劝那些只会干工作的老实人,还要对这个问题多费一点心思去做更深入的理解。

极少数上司会主动征询部属对他的看法如何，或提及这类有关的敏感话题，大多数人想必都无条件地赞同马克·吐温说过的这句话："我欢迎批评，但也必须投我所好。"

如果看到国王光着身子，虽然很想提出直谏的："陛下的身上其实没有穿东西"，但退一步想想，看就看了吧，何必说出去呢。还是谨言慎行为好，因为国王不但不会坦率接受你的这个忠谏，反而认为你对他不忠。

假定，有一天老实人和上司一起喝酒，上司突然问你："老实说，在你的心目中，你看我是怎样的一个人？"他一定会回答说："你很了不起，先生。"

上司也许还会执拗地说："你尽管告诉我，你所看到的，不必担心什么！我想听你说真话。"

因此说，在有些时候能干的还不如能看的。因为能看的人大多比能干的人人缘儿好得多，这已成为不争的事实。在此，我们并不是否定那些只会干工作的人，而是奉劝老实人也要多长些眼神，以防遭到暗算！

老实人缺少随机而变

古语云：取象于钱，外圆内方。这不是老于世故，实际上，圆是为了减少阻力；方是立世之本，是实质。

人生也像大海，处处有风浪，时时有阻力。我们是与所有的阻力较量，拼个你死我活，还是积极地排除万难，去争取最后的胜利？老实人面对人生疑问时，总是消极地逃避。

为了绚丽的人生，需要许多痛苦的妥协。必要的合理的妥协，便是这里所说的"圆"。老实人不会"圆",没有驾驭感情的意志,往往碰得焦头烂额,一败涂地。

旧中国,在封建高压之下,为了维护人格的独立,许多正直而又明智的知识分子,在复杂多变的环境中,逐渐形成了外圆内方的性格。

当然,在今天的社会条件下,我们面临更多的是"人民内部矛盾",但有时也同样要来点"外圆内方"。也许某些人是可恶的,他是这样的小家子气,如此的自私,这般的狂妄,出奇的愚昧,让人无法忍受的独断专行等等。可是朋友,可能你是一个很高尚的人,有知识、有修养、长得也漂亮,那么,请你容忍他人吧,容忍他人的怪癖甚至丑陋,就像容忍自己的阴影一样。鲁迅是一个反愚昧、反迷信、反封建的斗士,可是,据周建人回忆,他祖母死时,鲁迅也披麻戴孝,跪在祖母灵前,烧香化纸……在此境此情中,鲁迅也"圆"了一下。

他人的觉悟程度,是他人人生经历的结果。改变他人就像改变自己一样,是一个艰难的痛苦的过程。我们固然需要对他人的劣根性的批判,然而,我们更需要的是对他人施以自己诚挚的厚爱。

愤恨他人的人,其内耗是极大的。这是否也是一种自我的丧失?丧失在自己偏激的怒海之中。内心坚定的人,没有功夫叹息,没有时间愤恨,他把别人用来品头论足的时光,都花在对事业对田野的辛勤耕耘上!

圆,是一种豁达,是宽厚,是善解人意,是与人为善,是心脑的宽阔,是生活的轻松,是人生经历和智慧的优越感,是对自我的征服,是通往成功的坦荡大道。做人就要像古代铜钱一样,"边缘"要圆活,要能随机而变,但"内心"要守得住,有自己的目的和原则。例如,对周围的环境、人物,假如有看不惯处,不必棱角太露,过于显出自己的与众不同来,"处世不必与俗同,亦不宜与俗异,做事不必令人喜,亦不可令人憎",即可以保全气节,也可以保护自己。

老实人容易破罐子破摔，窝窝囊囊过一生

老实人往往会自卑，自卑导致老实人自轻自贱，破罐子破摔，完全丧失了自己，强大的优势，变得平平常常，默默无闻。

有一个外企女职员，原来在北京外国语大学学习的时候，是一个十分自信、从容的女孩。她学习成绩在班级里是出类拔萃的，相貌也是一流的，追她的男孩子也特别多。毕业以后，她成了外企职员。在那儿干了一个月之后，旁人惊讶地发现。原先十分活泼可爱、说话很多的她，竟然像换了一个人似的，不但说话变得羞羞答答了，连行为也变得畏首畏尾。而且说起一些事情来的时候，总是显得特别不自信，和大学时候的她形成了明显对比。每天上班前，她要为了穿衣打扮花上整整两个小时的时间，为此不惜早起，少睡两个小时。她之所以这么做，是怕自己打扮不好，长相不好，而遭同事或上司耻笑。在工作中，她更是战战兢兢，小心翼翼，以至到了谨小慎微的地步。

是什么使她有如此突然的变化？

为什么原来活泼自信的她，到了韩国人的公司就变得自卑了呢？

是韩国人的大男子主义文化熏染了她？那也不至于熏染得这么厉害呀！是她工作干得不好屡遭批评？据说她的业绩还是一流的。

其实，原因十分简单，一切都是她自己的原因。她这种自卑感的产生，在心理学上，属于后天的认识性自卑，也就是说，主要原因在于她的认识——她对周围环境的认识、她对自己的工作的认识，她对同事与上司的认识，更主要的是对自己的认识。

到了韩国人的公司之后，由于发现韩国人的服饰举止都显得如此高贵，如此严正，她一下子就感觉到自己像个小家碧玉，上不了台面。她对自己的服装产生了深深的憎厌。所以，第二天她就跑到高档商场去了。可是，当时工资还没有发，她买不起那些名牌服装，于是，只好灰溜溜地回来了。

前一个月，可以说，她是低着头度过的。她不敢抬头看别人穿的正宗的名牌西服、名牌裙子，因为一看就会感觉到自己的穷酸。那些韩国女人或早进了外企的中国女人，她们的服饰都是一流的品牌，走在路上裙带当风，而自己呢，竟然还是一副学生样！

想想这个，她几乎要哭出来。她恨自己的贫穷。

而服饰还是小事。她和同事们的另一个不同在于，她们平时用的香水，都是法国货，在她们所及之处，处处清香飘逸，而自己用的，只是国产的劣质香水。

女人与女人之间，聊起来无非是生活上的琐碎小事。而所谓生活上的琐碎小事，主要的当然是衣服、化妆品、首饰什么的。而这些，她几乎是什么都没有。这样，她在同事们中间就显得十分孤立，也十分羞惭。在那种时候，她都恨不得找个地洞钻进去。

久而久之，在同事们面前，她怎么不自卑呢？

就这样一晃4年过去了，她在大学里养成了慵懒的习气，又随着她继承了下来。本来，要是进入一个全民单位，这就没什么，可她偏偏进了一个韩国公司，这下就麻烦了。她要不改变自己的这种习惯，就难免出现矛盾。

于是，在工作的第一个月里，她连遭上司的训斥，常常被弄得委屈不堪，回到宿舍就躲在被子里哭。这样一段日子下来，看着别人好好地待在自己的岗位上，她更觉得自己不如别人了。

还有一点让她觉得抬不起头来：刚进公司的时候，她还要负责做清洁工作。早上和晚上，刚上班时和将下班时，她都得拖地、擦桌子。早上还要打开水。第一天她还想提建议来着，可上司告诉她，新来的职员都要这样做的。

看着同事们悠然自得地享用着她倒的开水，她觉得自己简直是个清洁工。就这样，原本一个自信，从容的女孩，变成了一个老实巴交，小声不响的老实人，这一个过程就是自轻自贱的过程，其实，也是破罐子破摔的做法。

其实，她根本用不着自轻自贱。她的这种自轻自贱，根本是"一厢情愿"的结果，是她自己跟自己过不去，是她自己的认识有误才导致的结果。

就生活来说，谁大学刚毕业就能披金戴银动辄名牌呢？除非靠家里，而靠家里也是不光荣的，至少在韩国人眼里是不光荣的。美国人排世界富豪，根本不把那些封建王室诸如英国王室、日本王室等等排在里面，他们看得起的是白手起家的富豪，而不是靠继承遗产、侵吞国家财富而发家的高官显贵。所以，一个大学刚毕业的人穷一点，别人根本不会介意。

人最难战胜的是自己。一个人成功的最大障碍不是来自外界，而是自身。自身能做的事不做或做不好，是自制力的问题。所以我们要经常锻炼自己，面临压力不管大小，我们都要有自控能力。

老实人害怕失败

英雄可以被毁灭，但是不能被击败；英雄的肉体可以被毁灭，可是英雄的精神和斗志则永远在战斗。

老实人告诉自己："我已经尝试过了，不幸的是我失败了。"其实他们可能没有搞清楚失败的真正含义。

大部分人在一生中都不会一帆风顺，难免会遭受挫折和不幸。但是成功者和失败者非常重要的一个区别就是，失败者总是把挫折当成失败，从而使每次挫折都能够深深打击他胜利的勇气；成功者则是从不言败，在一次又一次挫折面前，总是对自己说："我不是失败了，而是还没有成功。"一个暂时失利的人，如果继续努力，打算赢回来，那么他今天的失利，就不是真正失败。相反的，如果他失去了再战斗的勇气，那就是真输了！

美国著名电台广播员莎莉·拉菲尔在她30年职业生涯中，曾经被辞退18次，可是她每次都放眼最高处，确立更远大的目标。最初由于美国大部分的无线电台认为女性不能吸引观众，没有一家电台愿意雇佣她。她好不容易在纽约的一家电台谋求到一份差事，不久又遭辞退，说她跟不上时代。莎莉并没有因此而灰心丧气。她总结了失败的教训之后，又向国家广播公司电台推销她的节目构想。电台勉强答应了，但提出要她先在政治台主持节目。"我对政治所知不多，恐怕很难成功。"她也一度犹豫，但坚定的信心促使她去大胆地尝试了。她对广播早已经轻车熟路了，于是她利用自己的长处和平易近人的作风，大谈即将到来的7月4日国庆节对她自己有何种意义，还请观众打电话来畅谈他们的感受。听众立刻对这个节目产生兴趣，她也因此而一举成名了。如今，莎莉·拉菲尔已经成为自办电视节目的主持人，曾两度获得重要的主持人奖项。她说："我被人辞退18次，本来可能被这些厄运所吓退，做不成我想做的事情。结果相反，我让它们鞭策我勇往直前。"

老实人总把眼光拘泥于挫折的痛感之上，他就很难再抽出身来想一想自己下一步如何努力，最后如何成功。一个拳击运动员说："当你的左眼被打伤时，右眼还得睁得大大的，才能够看清敌人，也才能够有机会还手。如果右眼同时闭上，那么不但右眼也要挨拳，恐怕连命都难保！"拳击就是这样，即使面对对手无比强劲的攻击，你还是得睁大眼睛面对受伤的感觉，如果不是这样的话一定会失败得更惨。其实人生又何尝不是这样呢？

大哲学家尼采说过："受苦的人，没有悲观的权利。"已经受苦了，为什么还要被剥夺悲观的权利呢？因为受苦的人，必须克服困境，悲伤和哭泣只能加重伤痛，所以不但不能悲观，而且要比别人更积极。在冰天雪地中历险的人都知道，凡是在途中说："我撑不下去了，让我躺下来喘口气"的同伴，很快就会死亡，因为当他不再走、不再动时，他的体温就会迅速地降低，接着很快就会被冻死。可不是吗？在人生的战场上，如果失去了跌倒以后再爬起来的勇气，我们就只能得到彻底的失败。

战国时梁国与楚国相邻。两国颇有敌意，在边境上各设街亭（哨所）。两边的亭卒在各自的地界里都种了西瓜。梁国的亭卒勤劳，锄草浇水，瓜秧长势很好；楚国的亭卒懒惰，不锄不浇，瓜秧又瘦又弱，目不忍睹。

人比人，气死人。楚亭的人觉得失了面子，在一天晚上，乘月黑风高，偷跑过去把梁亭的瓜秧全都拉断。梁亭的人第二天发现后，非常气愤，报告县令宋就，说我们要以牙还牙地过去把他们的瓜秧扯断！

宋就说："楚亭的人这种行为当然不对。别人不对，我们再跟着学就更不对，那样未免太狭隘、太小气了。你们照我的吩咐去做，从今开始，每晚去给他们的瓜秧浇水，让他们的瓜秧也长得好。而且，这样做一定不要让他们知道。"

梁亭的人听后觉得有理，就照办了。

楚亭的人发现自己的瓜秧长势一天比一天好起来，仔细观察，发现每天早上地都被人浇过，而且是梁亭的人在夜里悄悄为他们浇的。

楚国的县令听到亭卒的报告后，感到十分惭愧又十分敬佩，于是上报楚王。楚王深感梁国人修睦边邻的诚心，特备重礼送梁王以示歉意。结果这一对敌国成了友好邻邦。

不要抱怨别人对你好不好，因为你用什么样的心态对待别人，别人就用什么样的心态对待你。不能友好示人的人，也终究只有敌人，你的错已经无可挽回了。

成功是指最终实现了目标，但并不意味着从不受到挫折。成功是赢得了一场战争，而不是赢得每一场战斗。

老实人易迷失自我

遇事量力而行，不要做无谓的牺牲，过于沉醉其中而无法自拔时，也往往是迷失人生，丢失自我的时候。

古希腊有一则关于金床的故事，说一位精通数学的国王，按照全体市民的身高平均数，非常精确地计算和设计了一张金床。实际上，平均值是根据小孩、年轻人、老人、侏儒、巨人等身高而得出的，整个城市没有一个真正合乎平均值的人。每当宾客来临，国王都用这张床招待他们，而且有一个特殊的规定：客人必须适合这张床，床是无价之宝，不能有任何改动。于是，客人太矮就要被拉成与床一样长，客人太高就要锯掉一些适应床。那国王也许是带着世界上最好的意图做每一件事的，但是苛刻的标准使他适得其反。

在一间很破的屋子里，有一个穷人，他穷得连床也没有，只好躺在一张长凳上。

穷人自言自语地说："我真想发财呀，如果我发了财，决不做吝啬鬼……"

这时候，穷人的身旁出现了一个魔鬼："好吧，我就让你发财吧，我会给你一个有魔力的钱袋。这钱袋里永远有一块金币，是拿不完的。但是，在你觉得够了时就要把钱袋扔掉，才可以开始花钱。"

说完魔鬼就不见了，在他的身边，真的有一个钱袋，里面装着一块金币。穷人把那块金币拿出来，里面又有了一块，于是穷人不断地往外拿金币，拿了整整一个晚上，金币已有一大堆了。第二天，他很饿，想去买面包。但是，在他花钱以前，必须扔掉那个钱袋。

他又开始从钱袋里往外拿钱，并且不吃不喝地拿。终于，他生病了，不久，他倒下了，死在他的长凳上。

临死前他说了句："我怎么没拿钱看病呢？"

站在金钱这个巨大的诱惑面前，人类的灵魂将接受巨大的挑战。怎么做才是最佳的处理方式？照单全收还是转身折回，只留下冷冷的似乎高尚的背影？

每个人在世上都面临一个问题——生活。而生活是否圆满，人生能否成功，完全取决于自己的态度、方式。从这个意义上说，人生是自我选择和造就的结果。

生命是广阔无限的，用某一个定义界定是不可能的，也是不科学的。因此说，用某一个标准苛求人生，或者克隆人生，只会作茧自缚。

人的价值，是由自己决定的。人生短暂而会衰老，要尽量毋负人生。迷失了自己，自然也就迷失了一切快乐。

老实人看不到自己的优点

古人云"人贵有自知之明"，这里的"明"不仅表现在如实看待自己的短处，也表现在如实分析自己的长处，每个人都有自己的弱点，也有自己的优点，我们不能因为自己某方面的能力缺陷而怀疑自己的全部能力。不但要看到自己不如人之处，还要看到自己的如人之处和过人之处，这才是正确的自我评价。

有一个老实人，从医科大学毕业后，到他父亲朋友的综合医院当实习生，不到半年，他就有了这样的烦恼："我做不下去了，我打不进同事的圈子"，"别的实习生比我优秀。"无论上班或下班时，他都有这种感受，结果无法从事他的工作。其实，世界很大，茫茫的人海中，你有时会有很大的冲劲，有时候会有失落感，这两种感觉会把你的性格引向正面或负面。不只你一个人，任何人都会被这些性格所困扰。令人讨厌的性格，或不健全的心理，都是因为与人发生关联才有的，而人又不能离开人群，独自生活，因此有这些苦恼是必然的。你不必时时责备自己："我是没有希望的人了，我比不上他，反正我很笨。"就连大科学家野口英世、美国总统林肯，他们都曾经为自卑烦恼过，但他们都拿自卑当作超越他人的内动力，而最后都成功了。在你的周围，不难发现有很多这样的人。如果你也像他们一样努力看到自己的长处，你一定也会走向成功。

托尔斯泰在自传中写道："每当我照镜子的时候，一股自我嫌恶感便涌上来，深深地困扰着我，为此我十分难过。我的长相是这么粗陋，一点也没有优雅的气质，尤其这灰而小的眼睛……"看到这段文字，你也许会觉得奇怪，这么伟大的人居然也有自卑感，但是他战胜了自己，最终走向成功。所以你应正确评价自己，不拿自己的缺点与别人的优点相比，而应尽量发现自己的长处，将它化为自己的信心。只要你努力发挥自己的长处，你就会比别人优越。

第八章　不争抢难于立足——老实人的职场生涯

　　老实人信奉"君子不言利"，他们极端重视道德和规则，认为自己去争取利益这件事本身就不道德。他们因为不会争利而常常吃亏。连自己该得到的也不敢向领导开口要，因为害怕别人有看法。老实人日夜苦干，到头来，一切功劳却被"大尾巴狼"一口叼走，实在可怜。老实人在职业场里，没有足够的竞争力，他们不知道争抢；工作中，他们只求稳，不求强，心甘情愿做"末等公民"混日子。老实人常被别人欺负，成了办公室里的受气包、出气筒，他们为了息事宁人，总会持一种逆来顺受的态度，不知保护自己，不敢抗争。老实人为道德所累，明明机会来了，却迟迟做不了决定去"跳"到高处。老实人害怕换工作，他们为不可预测的未来担心，害怕变动打破他们的平静，他们已决定就这样稳稳当当下去。

老实人只埋头耕作，不寻求收获

现实社会中老实人"只埋头耕作，不寻求收获"。他们以为，只要努力工作，自然会有好的结果。

过去，社会上一些年长者担心年轻人不肯踏踏实实地付出劳动，常常语重心长地告诫年轻人要"只讲耕作，少问收获"，要相信"桃李不言，下自成蹊。"认为只要付出过、辛苦过，这一生就没白活，至于收获，那是不应计较的事，况且上天总是公正的，收获一定属于那些辛勤耕耘的人们。

但是上天有时候好像真有偏爱，大家都付出一样的劳动，可结果却大不相同。

老实人可能都有这样一种感觉：自己的同学、朋友，几年不见，聊起天来，眼里多半都是收获，这个当官了，那个成了专家。这时候是最刺激人的。一些平时"只会耕作"的老实人，不由黯然神伤，顿生感慨……

所以，老实人在利益面前，不要逆来顺受，也不要过分谦让，应该大胆地向领导要求自己应该得到的。"丑话说在前头"，在接受任务时谈好报酬更易让领导接受。争利把握好度，既不争小利，不计较小得失，又不得过分争利。当然，折扣的方法有时也很奏效。

当我们考虑工作究竟是为什么的时候，可能有很多种答案，比如为社会做贡献、为人民服务等等，这些都是可以上电视或发新闻的话。然而，任何人都不能否认我们是为利益而工作，比如金钱、福利、职务、荣誉等等，否则就未免太虚伪了。在当今市场经济体制下，我们说为利益而工作是正大光明的。

之所以强调在与领导相处的过程中要学会争利这个问题，就是因为有许许多多的老实人因为不会争利而频频"吃亏"。老实人不会争利一般有这样的表现，他们不敢争利，甚至连自己应该得到的也不敢开口向领导要求，既怕同事有看法，也怕给领导造成坏印象，大有"君子不言利"的味道。

在认识上，争利是应该的。

常言道：老实人吃哑巴亏，会哭的孩子有奶吃，这是我们的祖先总结出的地地道道的"真经"。在同等条件下，两个同事工作都算对得起自己的良心，比较勤恳认真，但在分房时，一个"有苦难言"，对领导只提了一次要求，虽然自己结婚5年，可3口人仍挤在一间破旧的平房里；但另一位却三天两头地找领导诉苦，有空就拨拨领导脑子里面分房的这根弦，结果被优先考虑，而他的那位老实巴交的同事却只能眼巴巴地看着别人住进了宽敞明亮的新房，难道他不明白其中的奥妙吗？

老实人认为向领导要求利益，就肯定要与领导发生冲突，给领导找麻烦，影响两者的关系，什么都不敢提，结果往往也是一事无成。干好本职工作是分内的事，要求自己应该得到的也是合情合理的，付出越多，成绩越大，应该得到的就越多。

老实人应该知道，只要你能为领导干出成绩，向领导要求你应该得到的利益，他也会满心欢喜。如果你无所作为，无论在利益面前表现的多么"老实"，领导也不会欣赏你。事实上，从领导艺术上讲，善于驾驭下属的领导也善于把手中的利益作为笼络人心、激发下属的一种手段。可见，下属要求利益与领导把握利益是一个积极有效的处理上下关系的互动手段。因而，我们的鼻祖马克思也曾批判禁欲主义者，说"灭绝情欲"的禁欲主义"连对火炉旁的狗也不会发生什么鼓舞作用"，它不过是为了获得或成为"禁欲的然而只能是从事生产的奴隶。"

一个有价值的人，一个有成就的人，是光明正大的。

向领导要求利益大有学问，关键是要把握好火候和分寸。

一、老实人执行重大任务以前，争取领导的承诺

现实表明，领导在交办重要任务时常常利用承诺作为一种激励手段，对下属而言这既是压力又是动力，对领导而言心理上也感到踏实、稳定，他坚信"重赏之下必有勇夫"。如果领导在交代任务时忘记了承诺，或不好做出承诺，你应该提前要求你应该得到的，这不是什么趁火打劫，领导也较容易接受。

王翦是秦始皇手下战功累累的大将，他协助秦始皇消灭晋王，赶走燕王，并数破楚军，但秦始皇对他疑心重重，怕他功高盖主，因而在攻打楚军时有意重用李信将军，后来王翦称病告老还乡。李信在与楚军交战时受挫，秦始皇也只好放下架子赶到王翦面前谢罪并请他出山。王翦率兵60万由秦始皇亲自送剑灞上，一方面表示秦王的信任，但同时他对王翦掌握重权表示不放心的顾虑也流露出来。于是，王翦在出发前，向始皇请求许多田宅园池。秦始皇问："将军就要走了，为何忧虑贫穷呢？"王翦说："作为君王的将军，即使有功也不能封侯，所以趁君王信任、重用和偏向我时，我得及时请求点好处为子孙造福。"秦始皇见王翦如此只重享受，不重权柄，觉得放心不少，开怀大笑。王翦到了边关，又5次派人回都请求良田。有人觉得这样不妥，便问："将军这样强请硬求未免太过份了吧。"王翦深谋远虑地说："不然，秦王粗鄙而不信任人，现在倾全秦国的士兵而委任于我一人，我不多示田宅为子孙谋基业来巩固自己，反而让秦王因此而怀疑我吗？"

王翦不愧为智勇双全的大将，于外于内都是八面玲珑，可谓老谋深算。在接受重大任务前，当面向领导请求自己应该得到的，既表明你对完成任务充满信心，也能表明你既然如此坦诚地要求了利益，那么在完成任务的过程中就可能不再玩"猫腻"，至少在领导心目中能造成这种印象。

尤其是牵涉经济利益和好处的一些事情，领导也深明其中的利害，把这样的任务交给你去办他能不存疑心吗？比如你或许能在其中捞点回扣、作点手脚、收取礼品等等，领导都能胜算到，如果你接受任务时不声不响非常痛快，领导往往会认为"你这小子这么高兴地接受了，心存不良。"所以，老实人最好有话说在当面，有要求提在前面，要玩"马前卒"，不要搞"马后炮"。

二、要求利益要把握好"度"，老实人要学会见机行事

老实人向领导提要求不会把握分寸，往往要求很高，引起领导的反感，招致冷落。依我们的经验，需要做到以下几点：

1. 不争小利。不为蝇头小利伤心动气，略显宽广胸怀、大将风度，在领导心目中形成"甘于吃亏""会吃亏"的好印象，在小利上坚持忍让为先。

2. 按"值"论价，等价交换。最简单的例子，如你拉到10万元赞助费或为单位创利100万元，你要按事先谈好的"提成"比例索取报酬，不能扩大要求，也不要让领导削减对你的奖励。

3. 夸大困难，允许领导打折扣。"漫天要价，就地还钱"也是对付一些喜欢打折扣的领导的方法。有时你把困难说小了，领导可能给你记功小，给你的好处也少。因此，要学会充分"发掘"困难，善于向领导表露困难，要求利益时可以放得大些，比你实际想得到的多一些，给领导一些"余地"，不给他造成你"想要多少就给多少"的想法。比如提住房要求，按你的资格和条件，只能要求两室一厅的楼房，实际上你并不对此抱多大希望，那么领导打折扣时也不会太离谱。有的人很实在，够两室一厅的资格和条件，但没把困难充分说出来，不折不扣地提了两室一厅的要求，结果领导把两室一厅的房子优先分给"困难大，要求强烈"的人，只给他分一室一厅。所以，夸大困难和要求实在是一种必要的处事策略，关键问题是要把握住关键时机和重要关口。

老实人抢不到好岗位

在单位里确实有岗位好坏之分，至少从某个角度来讲，是这样的。但是好的岗位，绝不会无缘无故地掉在自己手里。这就需要去适当的争取。老实人最后总会失败，为什么？因为他太老实了。

以下我们给老实人提供一套创造机遇，抓住机会的方法，不妨试试，相信会对老实人的求职大有帮助。

一、老实人要做计划，有利于抓住机遇

抓住机遇有赖于充分的准备，你的学识、能力、经历等是准备工作的基础，而准确的预测和周密的计划，则是促使你抓住机遇的良好技巧。

所谓预测，就是根据过去的和现在的情况，判断未来的情况，决定自己的求职计划和求职步骤，对于要调动工作的人来说，预测有时是至关重要的。比如，你要考虑自己有无调动的机会，最大的可能在哪里等等，预测还要参照其他方面的情况，比如你的人际关系网、人事政策的更动等等，不要忘记你是"社会人"，对社会发展变化的客观形势，对人才市场行情的熟悉和了解是很重要的，有了准确的预测，你可以制订周密的计划去实现你的求职目标。

二、老实人当机立断，抓住机会

俗话说得好："过了这一村，就没有那一店。"其实就是告诉你机不可失，时不再来。养成主动接受挑战的精神，在机会来临时，你就要当机立断地抓住它，否则，机会来临时，你还在犹犹豫豫地不知该不该接受，机会很可能就与你擦肩而过。平时多注意锻炼自己的胆识，如充分利用在公开场合发表意见的机会，有利于培养你主动接受挑战的精神。

三、老实人要做好眼前的工作，不断积累机会

你不可能成天无所事事地等待机会的到来，机会只会在你付出努力的过程中垂青于你，努力做好日常的本职工作，无论是大事还是小事，都全力做好，这样，你不仅是在积累和准备能量，也是在积累机会。

四、老实人要表现才华，别人也会帮你抓住机会

对机会的另一种解释是：机会就是替自己的才华安装"聚光灯"，也就是说，只有显示才华，才能抓住机会。如果你的才华让周围的人尤其是上司有所了解，他有适当的机会就会想起你，而你无形中也就多了一些机会。

五、老实人要敢冒风险，才会有出头之日

风险愈大通常也意味着机会愈多。想不冒一点风险，却又想抓住机会的可能性很小，这将使你失去许多可能导致人生重大转折的机会，"不入虎穴，焉得虎子？"虽然，敢于冒风险的人不会都成功，但成功者中，很多是因为他们敢于承担风险。

六、老实人要广交朋友

聪明的人善于为自己创造机会，广交朋友。多出席各种聚会，不要怕和陌生人交谈，积极编织自己的人际关系网，你会发现，朋友越多，机会也就越多，你也就越能把握住机会。

七、急流勇退，会使老实人走运

走运与不走运的人之间的区别在于，走运的人往往在运气变坏之前就将它放弃了，而不走运的人往往总是等到运气变坏或更坏时才开始撤退。善于准确预测机会什么时候溜走，在此之前急流勇退，你会少受损失或不受损失，不要等机会已经跑开了，你才开始行动，这时你想撤也撤不了。

八、老实人要当仁不让莫低头

你若想调到人人向往的职位上去，就不免要与人展开竞争。

竞争的方式是多种多样的，但是以手段的正当与否，可以分为正面竞争与反面竞争，凡是在竞争中采取了正当手段的，可称为正面竞争；凡是在竞争中采取了反面手段的，可称为反面竞争。

你当然应该积极地参与正面竞争。

提倡正面的竞争，它可以最大限度地保持你的心理平衡，通过自己的奋斗得到的成果，别人就不能对你说三道四，你也不必担心谁会随意地从你手里抢走自己的成果。

老实人不会保护自己

善良是人的一种宝贵品质，但世间除了善良的人以外还有很多"好战分子"。所以，老实人必须以坚定姿态来捍卫自己的善良，让他觉得自己善良但不是软弱可欺。那些喜欢向别人挑战的人，也不是针对一切人都施以强硬。强硬的人自不用说，那些神态严肃者，他们也不敢挑战。他们只对准了老实的人们，而且他们要先看一看这些老实的人们是不是软弱。

因此，老实人不要给他们提供被攻击的机会，要在善良的背面有坚定的心理支持。柔但不"弱"，善但不"过"。须知"马善被人骑，人善被人欺。"当老实人的利益受到侵犯时，要毫不犹豫地站出来捍卫自己的利益。老实人要想保护自己，不被人欺，就必须在日常生活和工作中学"乖"一点。

一、老实人不要随便与人交心

在公司中社会活动比较多，多参加这些活动可以加深同事间的感情，但切忌随便交心。只有你和同事都知道竞争没有用或者你们都放弃了竞争时，才会有真感情。在两个相互竞争的同事间，动了真感情，只会自寻烦恼。比如两个平级科员都可能被晋升为科长，但科长只有一个，一个晋升了另一个就不能晋升。没晋升的那个人可能会对那个晋升了的人产生误会，他们两人以后的交往也会不自然。

二、老实人不要向人倾诉对上司的不满

如果你被上司发了一通火，你该怎么办？也许你可能晚上和同事到酒店借酒消愁，向同事倾诉你的苦衷和对上司的不满，这样做是很危险的。因为你的同事是你的竞争对手，他随时可能把你的牢骚报告给上司，也许几天后你被人"整"了还不知道为什么，就算你那位同事够朋友，守口如瓶，但也难保别人不会偷听到。

因此，最好的办法是探探同事的态度，看他是否和自己立场一致。"害人之心不可有，防人之心不可无"。

薪水阶层的社会，是一个竞争的社会。不论多么值得信赖的同事，当工作与友情无法兼顾的时候，朋友也会变成敌人。在同事面前批评上司，无疑是自丢把柄给别人，有一天身受其害都不自知。

就算这位同事和自己肝胆相照，不会做出出卖自己的事情，但也得小心"隔墙有耳"啊！所以，当你要向同事吐苦水时，不妨先探探对方的口气，看看是否同意自己的看法。如此用心，是在社会上立足不可缺少的条件。

三、老实人在单位里不要站错队跟错人

如果你一旦站错了队，跟错了人，那么你跟定的那个领导一旦遭殃，势必会殃及你这个"池鱼"。因此，你必须跟准了人，才能"一人得道，鸡犬升天。"

怎样看准人呢？你们可以利用公司开会、分派任务、聚餐等机会细心观察，谁对你亲谁对你疏，就一目了然。

当然，你如果不愿卷入领导派系的冲突，保持中立也不失为好办法。

四、老实人别当"替罪羊"

在单位里，有的上司精明能干，对下属要求严，这样，下属也不会懈怠；而有的上司却只做官不做事，敷衍他的上级。还有一些同事在与你合作时责任心不强，一旦有什么闪失，他会推卸责任，拉一个人替他"背黑锅"。

怎样才能不被上司抓住当"替罪羊"、不为同事"背黑锅"呢？一方面，要和上司和同事搞好关系，上司或同事就不会抓你，另一方面，做事认真，不马虎，事事都要白纸黑字做得有实有据，即使错了也会用证据解释清楚。

五、老实人自我贬低会招致别人的欺负

像"怎么都无所谓，我不在乎，这我不大懂"之类的话最好不要说，这样的话体现出你的软弱。在公司发奖品时，本来你能得奖品的，结果因为有一个实力比你差得多的同事与你相争你就放弃了，这样做并不能体现你的大度，他也不会领你的情，说不定还认为你软弱可欺，以后会瞧不起你。

六、老实人不要被人误会

大家都知道"道听途说"这个故事，是说一句话被不同的人传下来，已经与原意相悖了。你平时答复别人的话，经同事传播后可能变成了一句令他难堪的话。

这种情况下，老实人不要因为被人误会就见了面畏畏缩缩、吞吞吐吐，要找个机会把事情真相告诉他。如午饭时间或休息时，可以和他谈一谈。如果他仍是一副爱理不理的样子，你也不要计较，就应直接说明："我绝对不会那样说你的，一定有别人有意歪曲事实。"这样表白就可以让他恍然大悟——你是冤枉的。表白后，稍停片刻，再笑着面对着他，他会慢慢接受你的表白的，然后你再不失时机地提出邀请他去吃顿便饭。这样，一切矛盾也都可释然了。

老实人的功劳容易被人抢走

老实人日夜苦干，到头来，一切功劳却被"大尾巴狼"一口叼走，实在是可怜。这种情况在职场中最为突出。

在公司里做事，无论大小公司，总会有自己的顶头上司，除非做自己的老板，跟上司是铁哥们、铁姐妹也还罢了。如果是初进公司，公司人事还不很通，学历耀眼三分，还有比较突出的工作能力。心胸豁达的上司认为自己有可用之材，也许会大力提拔；小心眼的上司却对工作突出的下属耿耿于怀，怕这些毛头部属一不小心"功高盖主"，抢了自己的风头，阻碍了自己的仕途。小心眼上司的最大特征，是将他人业绩揽到自己头上，还时不时使个绊子。使绊子倒还不影响工作情绪，最怕的是业绩被抢，完成工作的成就感霎时灰飞烟灭，个人在公司里的价值似乎也荡然无存，除了心寒，还有什么？

小田从毕业时进去的公司跳出来后，在一家刚成立的咨询公司做客户。三个多月做下来，小田形容自己是巨石下的小草，拼命挺直身子，在公司里挣扎活命。主要原因就是自己做成的客户，汇报到老板那里都变成顶头上司的业绩。顶头上司原本是凭借骄人的工作经历被招进公司直接做客户总监，仅比小田早进公司两个多月。据说客户总监在小田进公司前的业绩平平，小田进公司后，才有了点"高歌猛进"的意味（"高歌猛进"是老板在工作总结会上的表扬用词），而老板完全不知道这其中小田的成绩。小田与朋友们说起这些事，最常用的一个词是"郁闷"。如果不是就业形势不乐观，小田可能已经开始寻找下家公司了。可是现在，难道只有忍耐吗？

类似小田情况的职场人士有很多，尤其是在那种管理还未踏上正轨的小公司打工，大多数人都是忍气吞声或是一跳了之。很少有人去和自己不平等的遭遇做抗争，最后遂了"大尾巴狼"上司的愿，为他们的职业经历又加了一笔"财富"，自己却又风餐露宿继续找工作之苦。

忍气吞声固然是职场中人棱角磨圆的表现，但胆气确是职业成功不可或缺的要素。放任抢你业绩的上司继续压榨后来人，或是在将来的公司你的上司又一贯抢你的业绩，你又能跳槽到何时呢？其实最经济的办法就是不动声色地抗争，利用和老板直接对话的机会汇报自己的工作，多提对公司发展有价值的建议。这样你的业绩显而易见，更没给那些小心眼的上司留下可乘之机。

无论职位高低，所有的员工都是给老板打工；所有的老板不希望员工忠诚于自己。

只要在老板心目中确立良好的人格地位，你的"大尾巴狼"上司想抢你的业绩都难。

老实人总做"末等公民"

老实人被人看轻的主要原因不在于别人，而是在于自己。

工作上被人看不起与自己的工作态度有大大的关系，如果自己能力一般但拼劲十足，也会得到尊敬。

每天早晨，老实人要下定决心：要力求在职务上做得更好些，较昨天当有所进步，而晚上离开办公室、离开工厂或其他工作场所时，一切都应安排得比昨天更好。

老实人在从事一项工作时，得过且过，甘愿做一个掉在队伍后面的"末等公民"，而不能根据自己的强项，去争做"一等公民"，因此无法成大事。

如果你已经踏入社会，并有些工作经验，就会发现，不管是在哪个单位都有一种现象：有些人总是受人敬重，老实人总是被人看不起。那些被人看不起的老实人也许有少数人日后会出人意料地有所发展，但绝大多数人还是不怎么样，怎么都被人看不起。

人走上社会之后，工作就是一生的重头戏，要靠工作来养家糊口，要在工作中发挥才能，实现自我。因此，当走上工作岗位之后，一定要记住：千万不要太老实，别在工作上被人看不起！被人看不起虽然不一定会影响你的一生，但绝对不是件什么好事，对你也不会有什么积极的一面。

一般来讲，工作上被人看不起的老实人大致有以下几种：

一、混日子型的老实人

这种老实人不把工作当一回事，不但表现不积极，连犯错也不在乎，他心里总是想"反正混一口饭吃"，他总是采取一种应变的态度："此处不留人，自有留人处"。这种老实人让人看不惯，可是他每天准时上下班，对人又客气得要命，让你抓不到他的小辫子。这种老实人自己好像过得很舒服，其实人家早在心底把他看轻。

二、看轻工作型的老实人

这种老实人常说"这工作有什么了不起？"或是"这职位有什么了不起？"一副怀才不遇的样子。他看轻自己的工作和职位；虽不喜欢，可又不走，这样他的行为就刺激了其他兢兢业业工作的同事，于是他们也就看不起他了。

三、迟到早退型的老实人

每个人都免不了迟到早退，可是不能经常如此，虽然老板有时不知

175

道，但同事们却会在乎，因为他们觉得不公平，可是他们又不习惯，也不愿和你一样迟到早退，同时也没立场说你，在拿你没办法的情况下，就看轻你了。也许你有特殊的个人原因，可是别人是不管这些的，除非你有很好的工作能力和业绩，让其他人不得不服你！

其他还有很多种类型，如孤芳自赏型、独善其身型，但这几种都比不上前几种更易被人看轻。如果你属于其中的一种，那你就是不敬业。你不敬业，一则无形之中刺激、羞辱了那些敬业的同事，他们会看轻你以示报复；一则让人认定你是个不求上进的混混，如果你的这种表现也被主管或老板知道，那你就别想在工作上有所表现了！因为他不敢好好用你！

也许你会说，被人看轻就被看轻吧，有什么了不起的？这种放任自己，对自己是很有害的。如果你因不敬业而被人看轻，这些评语会到处传播，这对你相当不利，事态若太严重，你甚至连新的工作都找不到，因为同行一定知道你不敬业，在一个单位，谁敢用一个不敬业之人呢？如果你不敬业，就算人们不去四处散播，那对你也没有好处，因为你无法从工作中汲取更多的经验，而一旦养成了一种不敬业的习惯，你一辈子就别想出头了！

工作上被人看不起与自己的工作态度有很大的关系，如果你能力一般但拼劲十足，人们也还是会尊敬你。但他们不会尊敬一个能力很强，但工作态度不佳的人。如果你能力平平又不敬业，那别人肯定会看不起你——甚至会有让你卷铺盖走路的可能！

有的人认为，要想改变自己在工作中被人看不起的局面很困难，其实并非如此。每天早晨，只要我们下定决心：要力求在职务上做得更好些，较昨天当有所进步，而晚上离开办公室、离开工厂或其他工作场所时，一切都应安排得比昨天更好。这样做的人，在短短的一年之内其业务必定有惊人的成就。

大多数人的弊病是，他们认为要改进自己在工作中被人瞧不起的局面是一项一蹴而就的工程。他们不知道改进的唯一秘诀，乃是随时随地求改进，在小事上求改进，所谓大处着眼，小处着手。其实，也只有随时随地地求改进，才能收到最后的成效。

如果把这句话挂在自己的办公室里，一定会有所功效："今天我应该在哪里改进我的工作？"

如果你能在事业起步阶段就把这句话作为格言，就会产生无穷的影响力。你会随时随地求进步，你的工作能力就会达到一般人难以企及的程度，你最终会取得极大的成就。

在我们的工作和生活中，老实人往往是指那些本本分分、规规矩矩的人，他们在工作上任劳任怨，在生活上严谨自律，各个方面都达到了社会规范的基本要求，在领导眼里往往也算是很听话的人，在群众中形象也是公认的好。然而，就是这样的人却总是吃亏。也就是说，遵守规则的人并没有得到奖励，而违背规则者却获利甚丰。这种现象看似不正常，但却很普遍地发生在我们的身边，久而久之，反倒成为正常现象。为什么老实人总是吃亏？这与其羞于争取自己分内利益的行为有着直接的，甚至可以说是必然的联系。

老实人极端重视道德和规则，认为自己去争取利益这件事本身不符合道德标准。而对道德标准的遵从，使他误以为有好的用心，好的行为就必然会有好的结果，也就是说，只要自己做了工作，有了成绩，群体（包括组织和领导）自然就会安排自己的利益。因此没有必要去争取利益。

而且，老实人还总有一种认识上的误区，认为"争"便是不道德，因为道德的行为是讲究无私奉献、只讲付出、不求索取的。但事实上，争取自己的分内利益是一个与道德无关的问题，按劳分配，等价交换乃是天经地义的公理。而老实人看不到这一点，他们以道德感来评判一切事物并以此来决定自己的一切行为取向，因此，在他们眼里，争取利益就变成了一件不具道德优势的事。

还有些老实人，也认识到了应该去争取一下自己的正当利益，但是却苦于无计可施。因为在争利的过程当中，为了在竞争中获胜，势必要运用一些超出群体规范的技巧和手段，而这一点乃是老实人最不能接受的。于是乎，在某种程度上，老实人把争利的过程与小人行为等同起来，这样，争取自己的分内利益，就不仅是不必要、不具道德优势的举动了，而且更成为可耻、可恨的事。

然而，老实人的这种"不争"的道德之举，却带来了一系列不良的后果，这大概是老实人所始料不及的。

就个人而言，不去争取应得之利益，往往会有以下后果：

第一，使自己的生存能力显得不足。我们都是生活在世俗社会中的平凡人，我们要活下去，就必须要有一定的物质基础作保障，没有这些东西或者获取不足，生活就会出现困难。这是一个非常现实的问题，道德正义感并不能一劳永逸地解决肚皮咕咕叫的问题。如果你羞于争利，使应涨的工资未涨，应分的房子未分，应升的级别未升，势必会使自己的生活质量受到影响，并且，这种影响往往并不单单涉及一个人，其小集体的其他成员，特别是家庭成员也将跟着受害。

第二，对自己事业的长期发展不利。老实人有理想、有抱负，有公正心和正义感，这很值得提倡，但千里之行始于足下，万丈高楼平地起，通往理想的路就像是登山的石径，必须要一个台阶一个台阶的攀登，必须要有一定的实力作积淀。如果你羞于争利，就等于是少登了一个台阶，而有些时候，少登一个台阶就会错过一系列的机遇，这样少登一个台阶事实上很可能就相当于少登了十个、甚至是上百个台阶。无疑，这对老实人事业的长期发展是极为不利的。

第三，自己该得之利而未得到，会影响情绪和心情。人非草木，孰能无情？自己受到不公正的待遇，自然要感到恼火、窝心、生气、烦闷自是不可避免，这当然要影响自己的工作和生活，对身体健康也颇为不利。可见，羞于争利，失去的不仅仅是一种利益，它会有一系列的负面后果，对此我们应有足够的认识。

而从对社会的角度来看，我要说，老实人的这种"不争"之举其实是助纣为虐，有道德之心，而非道德之果，正所谓播下的是龙种，收获的却是跳蚤。

不争应得之利，反使不应得者从中获益。实际上，老实人只讲独善其身，不争取正当利益的行为，这是对恶的一种纵容，客观上造成了助长不正之风的结果。

不争应得之利，会使不公平的行为逐渐演化为不公平的规则。世界上并无绝对的、天生的规则，一切有关人类行为的规则都是从人们的相互交往中演化出来的。也就是说，当同一种行为一而再、再而三地发生以后，它就会变成一种具有约束力的行为模式，这种行为模式再经过长期地大范围地实行，就会成为一种新的社会规则，对人产生外在的强制力。老实人不去争取自己的应得之利，而不应得者却大得其便，获利甚丰，这就构成一种行为模式。在以后的类似行为中，老实人可能仍旧不能获得自己的那部分正当利益，而不应得者再次从中获益，久而久之，不正常就成了正常，不公平的东西则固化为社会规则的一部分。这样，老实人的忍让和退缩，就不仅仅是一种不利于己的行为，而成了阻碍社会进步的行为。自然，在这其中，老实人将成为更大的受害者。

这就需要我们对我们社会运行的真实现状有一个客观的审视。可以说，现实并不理想，因为人本身就充满了缺陷。无论在什么时代，在什么地点，社会上总存在着大量超出正常状况的争取私利的情况，并且他们往往又能取得成功。这些现象，从短期来看是不道德的、反进步的，而从长期来看又为我们社会的发展和创新提供了动力，因此是难以杜绝的。现在，世界上还不存在这样一个组织或群体，它可以彻底贯彻某种公正的原则。

面对如此无情的现实，老实人该怎么办？是忍气吞声呢，还是奋起一搏呢？笔者认为，当然是要扼腕而起，坚决捍卫，绝不无原则地放弃自己的正当权益。老实人应该冲破自己的那种僵化静态的道德观，真正认识到，确保自己的分内利益，是每个人都应承担的责任，它不但有利于老实人自己的生存和发展，同时对社会公正法则也是一种切实有力的支持和维护。只是盯在一事一行的道德上，那只是小道德，而使自己行为的后果做到有利于整个社会的发展和进步，那方是大道德、真道德。如果我们每个人都不做弱者，不做牺牲品，敢于去争取自己应得的利益，那么，坏人就会无利可争、无食可夺、无机可乘、无利可图，也不会有那么多人假公济私了。也只有这样，我们的天下才会更加太平，社会才会更有秩序，老百姓才会活得更加心情舒畅。可以说，确保自我正当利益的实现，就是对社会的一种一定意义上的奉献。

如果我们每个人都不做弱者，不做牺牲品，敢于去争取自己应得的利益，那么，坏人就会无利可争、无食可夺、无机可乘、无利可图，也不会有那么多人假公济私了。

老实人常被人欺负

动物世界里盛行的是弱肉强食。对于人类来说，虽然不会像动物们那样，但是也存在着欺负与被欺负的情况。办公室里虽然不会出现明显地欺负行为，但有时也会在有意无意间流露出这种倾向。

大多数人认为："人欺天不欺"，自我安慰地认为老天爷是公平的，它不会欺负老实人。还有的人认为："吃亏就是占便宜"，虽然吃了小亏，有可能占到大便宜，所以还是划算的，用阿Q的精神来安慰自己。为了息事宁人，总会持一种逆来顺受的态度。任何事都害怕形成定势，一旦你在办公室里成为受气包、人们的出气筒，对你的发展、升级都将会有影响，因为上司会认为你没有魄力，没有能力，连最基本的人际关系都处理不好，怎么能胜任主管的职位，又怎么能管理好一个部门。因此，不要小看在办公室的表现，更不要成为大家的受气包。当然，也不要成为人们的眼中钉，在办公室里事事处处表现出比别人技高一筹，总表现出人人都不如你有能耐，时时锋芒毕露，这样很容易成为众人的攻击对象，不利于你的前途发展。现在年轻人因为人际关系的原因而辞职的决非少数，因此，如何搞好人际关系，既不成为受欺负的对象，也不要成为人们的眼中钉，也是现代办公室职员需要掌握的一门重要的学问。

如果一个人常受到刁难，成为人们的欺负对象，原因大多与他的个人性格有关，当然也与环境有关。如果要避免这种事情的发生，平时应注意自身的修养，还要做到能够胜任工作，守信用。不要以个人的情绪来左右工作，更不要感情用事地处理各种工作。不对同事品头论足，更不要挑对方的小毛病，来表现自己的伟大。不要在背后说同事的坏话，更不能讲出他人的隐私。要脚踏实地做工作，不要出风头表现自己，避免哗众取宠。无论在工作中还是业余时间，都要注意不可随便与某位上司走得过近，除非是过去的同学、旧友或亲戚。

老实人没脾气

人在职场就如人在江湖，总有身不由己的感觉，跌跌绊绊的事总是难免。处理得当将受益匪浅，否则，就会进退两难。老实人往往保持沉默的态度，也不会适当地发发脾气，动动怒，在职场上经常吃亏。

应对盛怒。职场里碰到盛怒中人颇令人尴尬，尤其是这个人是你的上司或是与你关系微妙的对手。毛先生在职场工作了6年，一路走来也算是有惊无险。他的经验是对不同人的发怒用不同的应对方法。

先甘当上司的沙袋，而后据理力争。6月的一天，上司对公司上半年的营销状况极不满意，当着众同事的面，甩出一沓报表，把主管营销的毛先生臭骂一顿。问题其实出在广告宣传上，毛先生有许多委屈，但不便马上反驳，否则将是火上浇油。他把上司的意见记在笔记本上，待上司情绪平稳后才说：能否听我解释？

他先肯定了营销工作确实有待改进，然后提出对广告宣传的意见。

上司听他侃侃而谈，十分重视，随即招来广告部负责人与毛先生一起共商对策，事情就这样圆满地解决了。

朱先生是毛先生的同事兼对手，见上司喜欢差遣毛先生，心有不服，便时常找碴儿针锋相对。毛先生采取的态度是不卑不亢。平时十分注意把与之相关的工作处理得当，让朱先生无话可说，遇到对方不识趣非要恶言相向，毛先生仍不愠不火。等到单独相处时，毛先生正色道："竞争是争业绩不是争是非，我忍你一次不会忍多次，如果你实在不服，咱们可以请上司来评理。"

以上所述似乎并没有越过"万事以忍为上"的古训，其实忍让并不是上策，适时而发才是上策。在某外企做部门经理的汪先生，对此感受颇深。他为人性格内向，当了部门经理之后，几次部门的重大决策都被手下的人搅黄，原因就是因为他良恭俭让的好脾气，部下已形成了思维定式，反正天塌下来有汪先生顶着。弄得他好不窝火懊恼。痛定思痛，认为自己决策失误后，他有意改变自己的形象，说话粗声大气，甚至有时还当众批评下属，措辞严厉。没想到从此反而有令必行，业绩遥遥领先。

沉默是金，不过总是沉默，不是懦弱无能，就是天生哑巴，必要时，发点儿火，还真能显示出强者的风范，须知人没有威严是不行的。

老实人被"道德"所累

老刘是个老实厚道的人，上大学时是个老老实实的好学生，毕业后在机关工作，按部就班地转正、提升，只可惜升到了一定的程度就再也上不去了，因为他的几个上司只比他早毕业两年，年龄不相上下，他们不提升，老刘的提升也没有什么希望。

就在这时，单位的另一部门要扩编，人家看中了老刘的才识、能力和为人，三番五次来挖，于是老刘动心了，想去吧，又觉得张不开口，因为老刘在这里尽管不是一把手，却是实实在在的顶梁柱。好不容易吐露点风声，又被上司好言相劝给顶回去了，老刘碍于情面，就留了下来，依旧"老老实实，埋头苦干"。

没想到近几年，机构精简，很多岗位提倡用新人，老刘只好依旧停留在他原来的位置上。有时老刘心里也会说一句"假如当初"的话，因为那个部门是朝阳部门，当初如果跳过去了，老刘很可能已经不是现在的老刘了。他的那些老同学都替老刘喊冤。可是又于事何补呢？

"老老实实，埋头苦干"，一直以来都是一句夸奖员工的话。所以有些很善良或很胆小的老实人在机遇来临时，除了考虑与工作有关的方方面面，比如薪金、福利、工作状态、发展空间等等，还会考虑到别人的情面，考虑到别人对自己的看法，几番犹豫下来，机会错过了，如果日后证明当初跳槽是对的，就只能后悔了。

其实敬业并不简单地等同于对一个职业的绝对忠诚，敬业主要指的是一种认真负责的工作态度。"当一天和尚撞一天钟"，一直是作为前面所说的"老老实实，埋头苦干"的反义词存在的，其实只要你撞得认真、用力、准时准点，当一天和尚撞一天钟没有什么不对。如果发现自己有能力去撞更大的钟，而你现在的岗位又很难提供你这样的机会，寻找更大的发展空间是理所当然的。

老实人守不住秘密

虽然老实人确实打定了要跳槽的主意，并且已经开始着手寻找新的工作了，但是他们会对"要好"的同事透露这种意图。俗话说得好：世上没有不透风的墙。只要你曾经向同事表达过要跳槽的想法，就有可能一传十，十传百，最后传到上司耳朵里，这可不是什么好事。很可能你跳槽的事儿"八字还没有一撇"呢，就已经传得沸沸扬扬，使你处于很被动的境地。

找新工作当然要在时间方面有所投入，而你又不能经常请假去参加面试，怎么办呢？可以看看你还有没有什么名正言顺的假可以休，例如年假、探亲假、婚假等等。对于那些本应该休而没有休的假期，不要放弃。决定跳槽后，要想办法把这些假期补休完，这样就可以利用这段时间寻找合适的新工作。既不浪费假期，又有时间找工作，岂不是一举两得。

跳槽辞职以前，即使你在工作上有一肚子牢骚，也不要轻易发表。如果要表达工作方面的不满，也应该尽量让别人觉得你是就事论事，并且要透露出希望能长期跟公司一起打拼的想法。

有些人总喜欢拿跳槽这两个字来要挟上司，常把"大不了就跳槽"这句话挂在嘴边上。其实，不管是明讲或暗示，都不可能达到目的，反而会授人以柄，不明不白地让人贴上标签。

赵东海是一家杂志社的记者，在工作了两年后想跳槽到一家颇有名气的时尚杂志社。他刚刚产生了这个想法，就在一次与同事吃饭的时候无意中透露了出去。没想到说者无意，听者有心，那个同事居然把这件事传到了社领导的耳朵里。本来赵东海在社里很受器重，但是当他想跳槽的消息传出去之后，社领导对他的看法完全变了。

当年赵东海毕业的时候，杂志社的领导为了留下他这个名校毕业的人才，花了不少力气才把他的户口落下来。正式工作后，领导把很重要的栏目分配给还在试用期的他，甚至连社里不常有的出国文化交流机会也让给了他。杂志社本想培养一名出色的、能在社里挑大梁的人才，没料到赵东海根本不领社领导的这份情，居然想跳槽，使杂志社的一番苦心成了为他人作嫁衣。想到这些，社领导怎么会不对赵东海产生其他看法呢？

但是，领导的看法对于赵东海来说其实是误解。因为，他只是产生了这种想法，到底要不要跳槽，什么时候跳槽，对于这些问题他都拿不定主意。可是，居然就把想法先透露出去了，使大家对他产生了不该有的误解，使他今后的工作十分被动。后来，赵东海向领导做的解释只产生了"越描越黑"的效果。无奈之下，他只好跳槽到了另一家杂志社，但是新工作的发展机会远不如原先的工作。

赵东海的故事告诉大家，跳槽这种事不能轻易公开，除非你已经把后路准备妥当了，而且，当你运用人际关系，或者委托中介公司寻找新的工作时，要注意这些人是否跟公司有业务来往，该避开的就一定要避开。

这一点值得老实人借鉴。

老实人害怕换工作

老实人想换工作，但为什么迟迟没办成？答案常常是担心和惰性。

老实人不愿放掉手中的这只鸟是因为他们担心灌木丛中不会有第二只鸟。他们为不可预测的未来感到担心，就像每个人都多少有点担心一样。可是对改换工作的这种担忧毫无根据。还有，如果他们已决定稳稳当当这样下去，那么他们就已作出了一个基本的打算：他们打算不再发展。

当要调换工作而出现未确定的情况时，我们都感到担忧。这是一种正常的反应，我们都害怕不可预测的一切。当我们遇到恐惧的事时，我们有三种选择：可以逃避；可以忽视它；或者可以鼓足勇气奋斗到底。

但是，对不可预测的未来的恐惧应该与更真实的恐惧作同样衡量，这种恐惧把自己的后半生花在毫无意义、让人自卑或使人消沉的事情上。对此还会有一种很大的可能，那就是，如果你不能采取行动，你以后生活中对命运的抱怨会对你的心情和健康产生不良影响。

老实人害怕犯下大错，这一点阻碍了他们采取行动去改换自己的工作。他们现在的工作可能并不完全像他们所希望的那样，但是事情可能还会更糟。如果他们鼓足勇气来跳一次伞，他们能保证那只降落伞管用吗？

面对改变时引起的恐惧是正常的，应从中得到安慰。约翰·弥尔顿说："害怕变革使得君主们感到困惑。"当生活可以预测时就舒适得多，熟悉的事物中有一种安全感。

彻底改变生活方向并非小事一桩，它会产生一种无法预测的感觉，它涉及冒险。但是，如果是在严肃认真的思考后，你决定改变，那么，拖延只会使你的问题复杂化。改变会不会出错？当然会，生活给人们提供的可靠性太少。只有躺在坟墓里的人不会犯错误。

改变生活方式需要有决心，需要痛苦的搏斗。去沉思变换工作的需要还远远不够，除非你下定决心，坚定信心并采取行动，不然你仍会保持原状。

万事开头难。

你可能在职业中占有一个有利的位置，可是这种职业却没什么前途，在有些行业中，你无处可走，只有向上晋升；而在另一些行业中却不可能有晋升。如果你的公司生产轻便马车鞭子或煤炉或冰盒，那么我们劝你最好是去研究招聘广告。

如果你准备调换工作，想有新的选择。那么在你行动之前，有句话要提醒你：

要完全肯定你应该这样做，要确信你在工作中很不快乐、得不到满足，而不仅仅是烦躁不安。

要弄清你的不满不一定来自你对眼前生活方式的不满。

有可能你的不安来自某些问题：也许你为经济上的事头疼，或者你的婚姻遇到麻烦，或者其他事情让你焦头烂额。

有可能发生了什么事情，让你意识到自己的局限。你以前曾相信自己举世无双，可是现在可能总结出并非如此，这使你感到震惊。

有可能是你昔日的同学或朋友在事业上比你有更大的进步，这引起了你的满腹怨气和无形的愤怒。

你可能在工作上没有尽力而为，你的不安可能是你对自己不满的结果。

有可能在你和某个上司之间存在着个人冲突，你在心情坦荡时知道俩人都有错。

　　也许像莎士比亚在《朱丽叶斯·凯撒》中让卡修斯所说的那样："亲爱的布鲁塔斯，错误不在于我们的命运，而在于我们自己。"或者像某个匿名的教友派信徒给妻子写的那样：

　　"除了你和我，大家都邪恶，

　　甚至有时我也对你感到惊奇。"

　　如果问题出自你本身而非工作，那么三思而后行。我们必须带着自己的包袱与负担。

第九章　老实巴交没人爱——老实人的爱情

对于爱情，呆板老实的人往往陷入无人爱的境地。老实人缺乏自信，从而魅力大减，他们也就成了"被爱情遗忘的角落"。老实人爱面子，怕被拒绝，心中有爱不敢说。老实人缺少爱的行动，只是一味地傻等。老实人不知道对方想要什么，老实软弱打不动女人的芳心。老实人容易成为感情的附属品，过于依赖对方，放弃自我。老实人不允许对方犯错误，他们往往认为对方的错误就是感情的瑕疵。老实人太看重过去，经常为对方以前的经历折磨自己，折磨对方。老实人好一味地迁就．但是一味地迁就就等于纵容，这样下去会留不住对方，也会使爱情的小舟就此搁浅。

老实人脸皮薄，有爱不敢说

云刚性格比较内向，为人老实的他暗恋上了一位女同事，却羞于向她表白感情，因为他不知道她是否对自己有意，如果遭到拒绝的活，就太丢脸了，还可能招来别人的笑话。他经常留意女同事的举动，希望能看出点什么信息来，却不得要领。老实的云刚为此十分苦恼，真希望找到什么秘诀，帮他练就一双慧眼。

"她"是否对自己有意？这对"脸皮厚，小老实"的男士来说，简直不是问题，多跟她接触，自然能看出来。万一不行，问问她就知道了。但对"脸皮薄"的老实人来说，却是大问题，完全可能因此错过一段良缘。下面三个秘诀或许有助于老实的你猜度女友的心思。

一、看视线

当某位女性喜欢你或对你有好感时，往往会趁你不注意时悄悄地把视线投向你这边，当你把视线移向她时，她就会迅速地把视线移开。据考证，直视乃是受到异性吸引的信号，然而，女人却又害怕对方会察觉到她在偷看他，于是只好采取"快速扫描"的方式。

二、看亲疏

她有时在你面前会故意装成毫无表情的样子，或者跟你隔一段距离走路，甚至故意当着你的面跟其他男人表示亲近等等，表现出恰好跟她内心相反的态度。

190

三、看态度

假如某位女性对你解除了警戒心，以亲昵的口吻跟你交谈，则表示她的心扉已经完全打开了，也许她会暗示你可以向前"更进一步"呢！

为爱所苦的老实人

李刚暗恋着公司里的一位漂亮的女孩，却苦于不知如何表达。女孩的一颦一笑令他心旌摇动，而女孩的变化无常又让他倍觉"像雾像风"，捉摸不定。一天见不到女孩，他便坐立不安，魂不守舍。他很想向女孩倾吐自己的感情，每当话到嘴边，又突然泄了气。为此，他深感苦恼，又不知如何是好。

弗洛姆在《爱的艺术》一书中指出："爱，不是一种本能，而是一种能力，可经有效的学习而获得。"这真是一句鼓舞人心的话，让渴望爱情的人充满了憧憬。那么，老实人将如何寻求到自己心中的爱人？

一、老实人应该做一个自信的人

坚定的自信心是人最初的原动力。自信本身似是一无所有，却总能在人们的眉眼言谈、举止行为中频频显现。自信的人，举手投足，无不落落坦然，谈笑之间，流露出一派大家之气，其风度魅力令人倾倒迷恋。

当代女性眼中的男性魅力，已经由外在形象的英俊潇洒，转向了风度品格和力量的显现，以及幽默、聪慧、机智的具备。风度是魅力的化身，是美的伴侣，是协调的一种体现，是一种体现在运动中的美。男士的风度，常常表现在一些细小的事情上。男士的果断、沉稳、刚毅、勇敢，大家有目共睹，但如果在与女士相处的细微之处更注意些，就会收到更加意想不到的效果。

二、老实人应该有勇气创造机会

如果你爱她，就应勇敢地正视这份爱，并抓住一切可能的机会把你的爱意传达给她。因此，创造机会与之接触应成为你的首要目标。有时候，你需要做的只是站起来，勇敢地走上去。

有一项测验表明，现代的女性，最欣赏男性的，不是英俊的外表，也不是潇洒的风度，竟然是胆量！

在一次大学里的舞会上林方认识了李枫。舞会上，人头攒动，七彩斑斓，可林方什么都没看到，只看到了李枫。她正漫不经心地站住窗子旁边，素面朝天。林方看了一会，开始了他的行动。他分开舞池中拥挤的舞者，斜对角向她走过去。他走得坚定、自信、一直走到李枫的面前，二话没说拉起李枫舞在池中。大学毕业后，李枫成了林方温柔的妻子。

李枫告诉他，她并不像他看上去的那么漫不经心，她注意到了林方。当林方径直走来时，她的心跳得跟什么似的，在心中默默祈祷："男孩，别停下！男孩，别停下！"

不管你是个如何出色的男子，都很少有女孩子来主动追求你，所以，大部分的机会都必须由你自己去抓住才行。老实的年轻人，鼓起你的自信与勇气，去大胆地追求心中的爱吧！机会就在你的身边！

三、老实人胆子要大些，敢于提出要求

如果你们已建立了较好的"友谊"，那么进一步的单独约会、相互了解的过程就已提上了日程，而此时约会的技巧则至关重要。

在女性的心中，应付男人的诱惑、邀请时，与其积极地去思索，还不如以社会大众的习惯来顺从。所以，当你要去邀请她时，绝不要用商量的口气问她："愿不愿意……"之类的话，而应开门见山地说："咱们一道去吧……"虽然女人也有不愿意与你同行的时候，但是，如果她想说"不"的话，则多少会给她造成心理负担，使她觉得拒绝你有一种歉疚感。

然而，你如果用"愿意不愿意……"这种问法，乍看起来好像非常客气，但事实上却给了对方说"好"或"不"的两种机会。如果女人说"愿意"，就等于背上了责任上的负担，而女人又不习惯于承担任何责任，所以警戒心高的女人，为了不节外生枝，干脆就摇头对你说"不"了。

对于女性来说，在决定做事情时，基本上都是选择较轻松的。因此，女性通常都有懒得费心思的习惯，最好什么事都不必动脑筋就能顺利解决。所以，以上那种为了要尊重女性而提出的参考意见，反而造成了她必须经过思考后，才能作出决定的麻烦，这样，在她的心中会产生排斥感。所以，你要尊重她的意见，不如干脆告诉她，你要怎么做，让她依从你的决定去行事。这样对她来讲，会感到比较轻松。

四、老实人不要傻等，用行动作证

真诚的爱往往全体现在你的行动中，只要你的心是坦荡而真诚的，那么何须表达！

靠彼此心灵的交流，给恋人一份温柔的体贴，不一定是甜言蜜语的温柔诉说。用你的身体语言，一个动作、一个眼神便可以恰到好处地表达你的爱意。

女人比较乐于接受具体的行动，如果你只是一味甜言蜜语，却没有一点具体的行动，她就会怀疑你是否真心诚意，因而会十分不安，就要打破砂锅问到底。

由此可见，对待自己心爱的姑娘，除了嘴上表达之外，更重要的是以行动来表示爱意。但要注意尊重对方，掌握火候。因为女人对抽象的语言不相信，而对及时、恰如其分的行动却是乐于接受的。所以，如果你真的爱她，就用你的行动来证明吧！

在爱情方面，为人呆板老实，将会使你陷入无人爱的困境。

老实软弱打不动女人的芳心

肖风在某大公司工作，收入不菲，人又长得潇洒英俊，是许多女孩子心目中的理想伴侣。他的女朋友名叫丁雅，在另一家公司工作。两人相互欣赏，感情甚浓。一次，丁雅要代表公司到外地去出席一个订货会，肖风知道后，央求她："你能不能跟老板说说，派别人去？"丁雅问："为什么？"肖风说："我一天也不能忍受没有你的日子，真的，我怕你离得太远，会失去你！"肖风脸上可怜巴巴的表情让丁雅大感失望，她想不到自己的男朋友内心会如此软弱。丁雅在出席订货会期间，肖风每天至少给她打两个电话，一打就是半小时以上。丁雅觉得和这样一个男人在一起，是一件很可怕的事。订货会过后，丁雅悄悄办了离职手续，去了一家新公司，再也不愿见到肖风了。

女人希望自己的意中人是一个强者，无论在感情上，还是在经济上，都不愿男人过于依赖自己。即使男人并不强大，也应表现得强大，否则，就不可能打动女人的芳心。

一、老实人要懂得女人想要什么

人的天性总是渴望得不到的东西。在任何时间任何地方都能到手的东西，总不及难以获得的东西更令人心痒难耐。

如果你是个软弱而依赖成性的老老实实的男人，必须学会表现得独立而自信。开始你或许只是伪装，但当你尝到这么做的好处，它就会成为你真实个性的一部分。你必须让她意识到，在拥有她或失去她的情况下，都能好端端的生活。

不论一个女人多么成功、坚强和独立，她都要找一个自己尊敬、仰仗和佩服的男人。她在找寻自信的男人的过程中，会考验你容忍的极限。如果你只为了怕失去她，肯作一切让步的话，她就会尽情折磨你。当她发现你软弱、缺乏新鲜感、依赖成性、乏味之后，跟这个女人发展罗曼史的希望就破灭了。

因此，在和意中人交往时，你可以表示对她的亲近之意，但不可依赖她，你不妨与她若即若离。如果你在别的女孩中有人缘，也不可为了讨好她而故意疏远。当然，若即若离之法对缺乏信心的女孩并不适用。

二、老实人应该刚柔相济

在刚柔之间取得完美的平衡，并非大多数男人的长处所在。这需要时间来培养。只要细心观察身旁女伴对你行为的反应，你就能清楚地知道，哪些方面你还需要继续改进。完美的男人是女人造就的，但这不是女人刻意经营的结果，而是男人主动迎合的结果。

老实人不懂来点“小手段”

小丽是个多情的女孩，爱上了一位很帅气但有点腼腆的男孩大伟。小丽略施小计，便使大伟与她倾心相爱。与大伟相恋的日子里，小丽真的是感觉甜蜜无比。但她生怕有一天大伟会变心离开她。所以，她一有机会便与大伟在一起，不留给他半点独处的时间，而且不断地问他：“你爱我吗？”大伟被小丽的热情深深地打动了，二人成立了幸福美满的家庭。

俗话说：“栽花容易，养花难。”爱情这株鲜花也一样，需要你用心去呵护、滋养。只有倾注了理解、尊重与信任的甘泉，爱情之花才会盛情开放。

一、老实人总要对方做承诺

如果你经常问："你爱我吗？""告诉我，你爱我！"势必会引起对方的反感。

爱来去无定，时弱时强，不以每个人的意志为转移。不断许下爱的承诺其实是不现实的。

你也不要许诺你会爱对方一辈子。爱情来去如风，不必作出任何虚假的感情承诺和保证。宁可要求对方诚实地说出对方对你的感受，因为爱更需要坦诚。

二、老实人会认感情成为囚笼

距离产生美。在日常生活中，彼此要留有空间。这并不等于彼此不需要对方，只是要让彼此有独立存在的自由。

不要太着重于"我们"，爱人也好，夫妇也好，仍然是两个不同性格的个体。最美好的境界是放飞对方，让对方自如地呼吸。

短暂的分离，会使人重获那份独立的感觉。重新见面时，会使彼此对"生活"和"独立"有新的体会。"小别胜新婚"是有道理的。

三、老实人易成为附属品

如果你完全依赖对方，等于放弃了自我，那么，爱的吸引力也就消失了。因为当初对方所爱的正是那"真正的你"。现在，你变成了对方的附属品，就好像是粘在对方的身上一般，反而给了对方一份被束缚的感觉，这份黏糊糊的爱还会有吸引力吗？

你要做你自己，不要变成对方的另一半。自己主宰自己，这才是真正的安全。

只有你才知道自己的目标。过分地依赖别人只会增加你无助的感觉。不要害怕犯错。依赖你自己吧！别斤斤计较完美，犯了错，从头再来尝试！

只有你才应该对自己的生命负责，了解自己的优点和缺点你才有一个理性的自我概念。

你可以适度地依赖对方，刻意地制造一种你需要对方的感觉，让对方觉得受到重视，而不是你必须完完全全地依赖对方。

四、老实人不允许对方犯错

要原谅对方的过错，因为你也一样会有过失。爱到深处，可能产生"恨铁不成钢"的感觉，似乎对方一点细微的过错都是感情的瑕疵。世上没有完美的事物，感情也一样。

五、老实人不会保持神秘感

男女间的恋爱，是人世间最奇妙的事情，既要忠诚坦白地相处，但同时也要保持一部分秘密。如此，才能抓住对方的好奇心，并保留一点期待的感觉。这一点，在女性尤为紧要。

一个女人能够具有无穷的吸引力，多少是因她那份令人捉摸不透的神秘性。古代有一个妃子，美艳无比，深受皇帝喜爱。有一次她生了重病，危在旦夕，皇帝心痛不已，前去探视。妃子却令宫人紧闭纱帐，不肯面圣。皇帝大惑不解，妃子凄婉地说："妾之所以蒙君宠爱，是因为还有一些姿色，而今花容憔悴，姿色凋残，如何能激起皇上的爱慕之情呢？"皇帝大哭。妃子死后，皇帝厚葬了她，而且还厚待她的家人，每日看着妃子的画像，思念不已。多么聪明的一个女人，后宫佳丽如云，哪一个能得此殊荣？

六、老实人太看重过去

在认识你之前，对方可能有过恋爱经，假如你认为对方还忠实，还爱对方的话，就不应该刨根问底追问对方从前的事。因为这一举动，往往会令对方尴尬，反觉你量窄多疑，减少了对你的信心，而且在这种情形下，对方纵然说出，也未必是真实的，不过是多此一举罢了。记住，对待对方的过去，最好的办法是置之一笑，令它随风而逝。

七、老实人好一味迁就

恋爱是男女双方情感的交流，只有互相谅解、彼此体贴才能顺利圆满。初恋时有的人为了获取对方的好感，对于对方的一切苛求，百依百顺，不敢说半个不字，以为这样才能培养感情。殊不知，一味地迁就等于纵容，天长日久，对方就会像一个被惯坏的孩子，变本加厉地折磨于你，而且对你的迁就毫不领情。试想，哪一个男人会喜欢一个"应声虫"般的小女子呢，这样，你们爱的小舟便很有搁浅的危险！

八、老实人不理智

在初恋时，不要轻易答应对方的不合理要求。这一点，在女性方面更应注意。

一些女孩，由于深爱对方，生怕拒绝对方，会破坏彼此的感情。其实不必害怕，爱情要靠这种行为才能维持爱，那么就不是真正爱情，而是肉欲了，纵然失去，也不足惜，反而应该庆幸你及早地逃离了魔爪。如果真的答应了，反而会给对方一个弃你而去的理由。他或许会想，你真是个随便的人！

因此，在交往过程中，要用理智擦亮你的眼睛。这样才可以使自己看清楚对方的一切，看清楚他是否真的合适自己，才不致误坠情网造成悲剧。

老实人求爱直来直去

胡朋是一个老实人，他爱上了同事莹莹，他觉得莹莹对自己也有那种意思，只是拿不准。为这事，常弄得他神魂颠倒，茶饭不香。一天，他决心向莹莹求爱，成不成至少心里踏实点，免得老是这样七上八下，探不到底。刚巧，他从办公室出去办事时，在走廊里碰见了莹莹。胡朋心里一冲动，说："莹莹，你过来一下，我有话跟你说。"莹莹走过来，问："什么事？""我爱你！你愿意跟我交朋友吗？"莹莹毫无思想准备，大惊失色，啐道："神经病！"说完，匆匆而去。胡朋受此打击，不要说求爱，连莹莹的面都不敢见了。

求爱是一种特殊的爱的信息交流，必须具备起码的前提条件。老实人不会讲求爱的方法和技巧，直来直去贸然向人家求爱，十有八九要碰一鼻子灰。这里提供给老实人六招，相信会对老实人有所帮助。

一、进行自我评估

俗话说："挑人先看自己。"只有对自己的自我形象、思想感情、生活趣味、价值体系、学识才华、工作职业、经济状况、家庭条件、社会地位等等，诸多方面进行认真地、客观地、系统地分析和全面地权衡，然后给自己画一个肖像，看看自己的价值有多大，找一个怎样的对象才能匹配相当。有一些人往往自视过高，似乎自己很了不起，对一般人不屑一顾。其结果往往是高不成，低不就。以致多年后还孤身一人：另有些人则相反，往往低估自己的价值，自卑感很强，把别人看得很高，不敢去追求理想伴侣。这两种人都缺乏正确的自我评价，很难在爱河中尽情畅游。

二、获取对方信息

求爱之前应尽可能收集到对象的信息，给对方也画一幅肖像画，并与自己的肖像画加以比较，看是否"对等"。有些人对自己追求的对象知之甚少，甚至连名字、地址等起码的情况都没有搞清楚就贸然而进，结果必然头破血流；有些人虽然也"刺探"了些"军情"，诸如地址、学历、年龄、工作职业、家庭状况等，但是并不了解对方的心理状况，满以为对方能接受自己的爱，结果却相反；或者人家已有心上人，或已有所思，这就只能得到婉言谢绝。求爱者想获得成功，就必须收集到尽可能充足的对方信息。

三、选择合适时机

只有在对方情绪正常、心境放松时的求爱才会有成功的希望。有人主张在双方都兴高采烈的娱乐活动之中求爱，这是不无道理的。因为，双方在一起活动，心理有了相似性，心境基本相同，只要条件基本相符，没有强制性拆散力，求爱就有可能成功。此外，心境不但包括对方的，也包括自己的，如果自己的情绪不太好，缺乏激情去求爱，就不可能恰到好处地表白爱心。

四、选择优雅的场所

没有哪一个人会在贸易市场求爱，也没有哪一个人会在车水马龙的大街上听对方表达心曲。求爱一般应选择雅致和比较幽静的场所，比如电影院、剧场、游艺场、林间小道、湖边柳岸等，这些地方环境比较优美，能使人进入高度的情感状态，从而产生人在画中游的梦幻般感觉，乘对方"迷迷糊糊"如在仙境中时，上前求爱，大有成功希望。

五、保留充裕时间

爱情的火花有可能一触即发，情感的积淀却是需要时间的。如果对方正在工作或学习、劳务繁忙时求爱是很难唤起对方情感的。因为对方的精力专注于正在进行的活动，不可能过多地考虑你的要求。而且时间太短了，对方没有思考的时间，很难给你满意的答复，或因你纠缠不休，心烦意乱而一味回绝你。因此，求爱最好是在比较空闲和充裕的时间里进行，如果能在星期天或节假日里去求爱，效果会更好。

六、缩短心理距离

美国有些心理学家曾经研究过：人的情感与距离远近密切相关。求爱者和被爱者一般要比较接近，并且在同一方位两人之间没有障碍物，这样对方的心理距离才会缩短。近身带来的一个是外表的吸引力，一个是性的诱惑力，一个是情感压力。在相距很近的情况下，一般都难于说出很尖刻的话，当说话人用眼神对准你时，你也许会点头，这些都说明了近身与情感折服的关系。求爱者必须想办法拉近同对方的距离，同时辅之一些恰到好处的亲密举止，这样做才会击垮对方坚固的心理防线。

老实人不会处理感情纠纷

刘华和李薇相恋，最初两情相悦，关系非常亲密，半年之后两人就定了亲，定亲时刘华花了不少钱。可是，没多久二人之间的关系便出现了裂痕。刘华原是一名公务员，工作虽然稳定，但赚钱很少。于是，想趁年轻"下海"试试身手。谁料商海浮沉，不但没赚到钱，反而负了很多债，刘华为此苦恼万分。李薇本指望刘华一举成为大款，自己也能跟着风光一时，没想到刘华商海沉了船，于是唠叨埋怨不止。不久后，李薇又提出分手。刘华知道李薇迟早会和他分手的，他满足不了李薇的虚荣心。于是，刘华只好同意分手。

谁都希望恋爱能够甜蜜，能够最终走进结婚的殿堂。事实上并非如此，有许多不太幸运的人在和恋人经过一段时间相处之后，会逐渐感到不适应，不满意，从而产生恋爱挫折。有的恋爱挫折经过双方共同的努力调和，重新修复，反而会爱得更真，爱得更深。可是有的恋爱双方不但不能和好，反而产生了不少矛盾纠纷，甚至激化到相互伤害的程度，给自己也造成了许多遗憾。

一、平心静气，协商解决

恋爱中产生纠纷的双方应以上面的故事为戒。处理问题时，千万要冷静，不可意气用事，做出过火行为。在双方冷静之后应以协商解决为上策。

因为当事双方最熟悉纠纷的原委，只要双方冷静理智，多考虑对方的难处，是不难解决的。同时不管结局如何，都要有解决问题的诚意，切不可因为恋爱不成，便记恨在心，专挑对方的毛病，专门给对方寻找麻烦，制造痛苦，以为这样才能解心头之恨，才会使自己感到舒服一点。其实这种打击报复的做法是相当狭隘的，一方面表明你的涵养和素质低下，显示了你心胸狭窄；另一方面给对方造成痛苦，你自己也不一定会得到真正的快乐。甚至于，如果做过了头，你自己反而会受到道义、甚至法律的处罚。

二、严于律己，宽以待人

当恋爱出现纠纷时，常有的心态是将责任推向对方。这时昔日对方身上笼罩的光晕就消失了，取而代之的是心中的阴影，将对方的长处埋葬了，只突出对方的短处，并越放越大，最后的结论是对方一无是处，产生恋爱纠纷的责任完全在他（她）而不在自己，往往把自己当成无辜的受害者，满心委屈，一肚子愤懑。持这样的态度可能激化矛盾，使矛盾扩大，升级，最终不可收拾。真正要解决恋爱纠纷，应多作自我批评，防止加剧感情裂痕，铸成难以收拾的结果。如果双方仍有爱意，旧情难舍，就应该多想想对方平时对自己的关心、爱护和情意。昔日的温情往往能弥补争吵产生的裂痕。

一旦双方情意已绝，确无和好的可能，或者一方坚持中断恋爱关系，也要面对现实，为了今后的幸福，最好果断地中断恋爱关系。

三、处理后事，免留遗患

1. 把对方寄来的情书尽可能退还对方。一是可以防止见物伤情，二是可以去除心病，三是以后寻找恋人时可以减少不必要的误解和麻烦。

2. 在恋爱中用于共同吃喝游乐的费用，不管谁花得多，谁花得少，以不结算为宜。一是清算也很难算清，二是清算过程中反而更容易激发矛盾。

3．对于互赠的礼品，一般可以不索还。如果怕睹物伤情，也可主动归还。但贵重物品，提出中断关系的受赠方应主动退还对方为好，因为赠予珍贵礼品是以存在恋爱关系为前提的，一旦中断恋爱关系，其赠送的前提已不存在，不能让失恋一方在承受失恋沉重的打击之后，还要蒙受经济上的重大损失。

在解决恋爱纠纷时，如果双方能站在对方的立场考虑问题，以理智、冷静的态度处置，纠纷就会平息。

老实人的爱情悲剧

托尔斯泰著名的《战争与和平》和《安娜·卡列尼娜》在世界文学史上永远闪烁着光芒。他非常有名望，他的崇拜者甚至终日跟随他，将他所说的每句话都速记下来，甚至连"我想我要就寝"这样的话也一字不漏地记下。除名誉外，托尔斯泰与他的夫人还有财产，有地位，有孩子，没有别的婚姻比这更美满了。起初，他们饱尝幸福的甜蜜，以至他们一同跪下，祈祷万能的上帝继续赐予他们所有的快乐。

以后，一件惊人的事情发生了，托尔斯泰渐渐地变成为一个完全不同的人。他对他所著的伟大著作感到耻辱。从那时起，他专心著作小册子，宣传和平、停止战争与消灭贫穷。这位曾承认在青年时犯过各种可想象的罪恶——甚至谋害别人的人，要真实遵从耶稣的教训。他将所有财产给了别人，过着贫苦的生活。他种田、砍柴、堆草。他自己做鞋，自己扫屋，用木碗吃饭，并尽力爱他的仇敌。

托尔斯泰的人生是一个悲剧，而悲剧的原因，是他的忍让。他的妻子喜欢奢侈，但他追求简朴；她渴求名誉与社会称赞，但这对他毫无意义；她企求金钱与财产，但他视财富及财产是一种罪恶。多年的时间里，她常常责怪叫骂，因为托尔斯泰坚持要放弃他的书籍出版权，不收任何版税；而她要那些书能产生金钱。当他反对她，她就发狂地躺在地上打滚，并拿一瓶鸦片放在嘴边，声称要自杀，还恫吓要跳井。对这些，老实的托尔斯泰一味地忍让妻子，他选择逃避。

在他们的人生中，有一件事是历史上最悲惨的一幕。在他们最初结婚的日子里，他们非常快乐；但48年以后，他不能忍受与她见面。有时晚上这位年老伤心的妻子，基于旧情，跪在他的膝前，求他朗读几十年前他在日记中所写的关于她艳美的爱情之语。当读到那些他们已永远失去的美丽快乐的时光时，他俩都痛哭了。生活的现实与他们好久以前一并所做的爱情之梦是何等相异。

最后，82岁的托尔斯泰不能再忍受他家庭的不幸了，他在1910年10月的一个雪夜中，从他妻子那里逃了出去——在寒冷黑暗中漫无目标地走着。11天后，他患肺病死在一个车站上，他临死的请求是不要让她来到他的面前。

老实人说话无魅力

假作真时真亦假，好恶未必以假分。

为了人们许多合理的心愿暂时不被毁灭，假话就开始发挥作用。

英国男士劳比一生耿直，老实本分，憎恶在人际交往中有任何作假。

为此，他在50年的生命旅途中付出了沉重的代价，并终于有所醒悟。他痛苦地发现自己竟找不到一个可以倾心交谈的人，连妻子和儿女也已离他远去。劳比只能把自己的新想法写在日记上，讲给自己听。劳比这样说："我到现在才相信，人与人相处是没有绝对诚实的。有时候，假话和假象更能促进友情和爱情。"

劳比的经历是人类多少年来困惑的缩影。我们倡导人与人之间应该坦诚相待，但发现坦诚在许多时候会碰得头破血流。只是为了维护我们心目中一种虚幻的纯洁和躲避政治上的禁忌，我们才无法解释这种现象。劳比不是政治家，也不再需要虚幻，所以他把人类长期以来羞于启齿的隐秘说了出来：很多时候，交际并不需要真实。

一位涉世未深的青年给朋友写信，倾诉和劳比一样的苦衷。他从小受到诚实的熏陶，可是走上社会不久，已经因为几句真话屡遭白眼了。他希望朋友能替他找出原因。因为这样的问题绝不是一封信所能说清楚的，劳比为之付出了几十年的代价。朋友考虑再三，干脆只给了他两句话。话是这样写的："当我的父亲与我探讨家庭大计时，我决不会说假话，而当我的母亲因病重将不久于人世时，我会对她说：'没关系，医生说你马上就会好的。'"这就是说真话和说假话的区别。

假话，在人际交往中几乎是不可缺少的。有些老实人宣布自己从来不说假话，这句话本身就一定是假话。当我们得到亲戚病重，当我们获悉朋友遭难。我们就时常会说一些与实际情况完全不符的假话。许多假话在形式上与人际间真诚相处不相一致，但在本质上却吻合于人的心理特征和社会特征。人都不希望被否定，人都希望猜测中的坏消息最终是假的。为了人们许多合理的心愿暂时不被毁灭，假话就开始发挥作用。

真正能说好假话并不比说真话容易，首先我们应消除对假话的偏见和犯罪感。这样，我们才能把假话说好。说假话有三条规则。

其一，真实。假话是无法真实时的一种真实。当我们无法表露自己真实意图时，我们就选择一种模糊不清的语言来表达真实。当一位女友穿着新买的时装，问我们是否漂亮，而我们觉得实在难看时，我们便开始模糊作假。回答说："还好。""还好"是一个什么概念，是不太好或是还可以？这就是假话中的真实。它区别于违心而发的奉承和谄媚。

其二，合情合理。是假话得以存在的重要前提，许多假话明显是与事实不符的。但因为它合乎情理，因而也同样能体现我们的善良、爱心和美好。经常有这样的问题：妻子患了不治之症不久将要死去。丈夫为之极感颓丧。他应该让妻子知道病情吗？大多数专家认为：丈夫不应该把事情的真相告诉她，也不应该向她流露痛苦的表情，以增加她的负担，应该使妻子在生命的最后时期尽可能地快活。当一位丈夫忍受即将到来的永别时，他那与实情不符的安慰反而会带给我们感动。因为在这假话里包含了无限艰难的克制。

其三，必须。是指许多假话非说不可。这种必须有时候是出于礼仪。例如，当我们应邀去参加庆祝活动前遇到不愉快的事情时，我们必须把悲伤和恼怒掩盖起来，带着笑意投入欢乐的场合。这种掩盖是为了礼仪需要，怎能加以指责？有时候我们说假话是为了摆脱令人不快的困境。例如，美国曾经就一项新法案征求意见，有关人员质问罗斯："你赞成那条新法案吗？"罗斯说："我的朋友中，有的赞成，有的反对。"工作人员追问罗斯："我问的是你。"罗斯说："我赞成我的朋友们。"

当我们按照上述三条规则去说假话，我敢肯定它同样会给我们带来魅力。只要我们心存真实，把假话仅作为交际的一种策略，这是美丽的假话。它是在善意基础上交际的必要策略。

第十章 老实人生存的 19 条黄金法则

　　如果老实人能改变态度，充满自信地去追求成功，一样能够潇洒地活出自我，本章节就为老实人指出了生存的19条黄金法则，作为老实人适应生活的指南针。

老实人要适度武装自己

人善被人欺，马善被人骑的问题，在于你没有必要的武装和反抗。

人们常说"人善被人欺，马善被人骑"，"马善"是说马温驯，而"人善"指的是除了人温驯，没有反抗的性格之外，还包括热忱、善良、厚道、老实、心软、服从、软弱、畏缩及缺乏主见等。不过，畏缩及缺乏主见的人可能有一副硬脾气，虽然是个小人物，但不合他脾气的话，他一样是听不进，更指挥不动他，这种人反而不一定会被人欺；最易被人欺的，都是有善良及温厚特质的人，也就是老实人。老实人因为一切与人为善，不争不抢，不使手段，不会拒绝人家，因此反而常被利用。像作战时，冒死犯难打前锋，不顾生死救同胞的，大部分是老实人，贪生怕死，奸邪狡诈的，反而躲在后面。

老实人是应该受到尊重和保护的，在弱肉强食的社会里反而成为受害者，这实在很悲哀。

老实人可以保持好的特质，没有必要使自己变坏；而且我们相信，要老实人不"老实"也不太容易，但是面对险恶的社会，老实人还是要有保护自己的方法，否则会连怎么死的都不知道。

要怎么保护自己呢？

首先是确立自己待人处世的原则，有了原则，自然会有所为，有所不为。但如何坚守原则却也是老实人困扰之所在，因此还要有拒绝的勇气，如果能拒绝别人几次，别人自然就不敢随便对你做无理或有害于你的要求，不过这还得有明辨是非与独立思考的能力做后盾，否则就会拒绝不应拒绝的事，接受不该接受的要求。

其次是适度的抗议和生气。有些人以欺负老实人作为生存的手段，因此当你受到不公平的待遇时，要有勇气抗议，但这种抗议必须有气势，不必得理不饶人，但要充分表达你的立场。至于生气，也不必闹翻天，但要让对方了解你的立场。一般喜欢捏软柿子（欺负老实人）的人，必都是虚的（因为他不敢去欺负"坏人"），因此你的抗议和生气会产生相当程度的效果。

另外，也可采取适度的报复，不过这种报复，轻重要拿捏得准，否则会让自己良心不安，反而造成自己的痛苦，而且一不小心，被对方反咬，也会得不偿失；所以若无把握，报复能不要就不要，但报复确有其效果。

总之，要不被人欺，就要武装自己；不必去攻击别人，但必须能保护自己，就像自然界的许多小动物，它们也都有基本的自卫能力。

老实人要主动和别人搞好关系

和谐的人际关系，不但有利于事业的发展，还有利于个人的健康。

老实人应该明白合作是一门精深的人际关系学，因为合作，归根到底就是要与人打交道，这就要求在人际关系的处理上要得当，也就是说合作需要良好的人际关系。没有良好的人际关系就不会为合作打下良好的基础。

范仲淹，宋朝的才子，官至宰相，他的才识智慧在当时是无与伦比的，他雄心勃勃，想成就一番伟大的事业，结果处处受阻。看到当时社会

209

普遍存在的腐败之风，他无可奈何，只好发出了"微斯人，吾谁与归？"的千古悲吟，来表达自己的心情。

人类社会经过千百年的发展，人际关系更被打上了独特的烙印，想在社会中安逸生活，想在社会活动中游刃有余，想在社会发展中出类拔萃，使它在你的事业成功路上助你一臂之力。这是老实人不得不面对的问题。要解决这个问题，首先要认识人与社会的关系。

人际关系在生活和工作中充当着重要角色，起着独特的作用。

现代的心理学家和社会学家研究证明，人际关系具有四个方面的作用力。

第一，能产生亲和力。

在现代社会中，经济迅速发展，各行业各部门之间的竞争非常残酷，单靠一个人的能力是很难取得事业的成功的。必须依靠大家的力量，同心协力，顽强拼搏，才能取得事业的成功，创造灿烂的人生。

可见亲和力对于事业的成功是多么重要。

第二，能相互补充。

一个人，纵然是天才，也不是全能的。尼采自己万能，结果发疯而死。所以一个人要想完成自己的事业，就必须利用自己的才智，借助他人的能力和才干。这就要求在事业的征途中，恰当地选择人才。

第三，能使人感情融洽。

人是一种不同于其他动物的高级动物，而感情是人类之间交往的基础，人与人之间需要时刻传递友谊，交流感情。

在迈向成功的道路上，一个人孤军奋战是不行的，他必须联系志同道合的朋友。在成功时，相互交流经验和分享快乐，在失败时，相互倾诉和鼓励，从而取得更加辉煌的成就。

人要做"有情的领导"，才能够在事业的奋斗中得到更多的收益。

第四，能更好地掌握信息交流。

现代社会已经进入了信息时代，掌握了信息，就等于掌握了市场，掌握了成功。信息的闭塞，就可能使人贻误战机，遗憾终生。

广泛地结交朋友，妥善地处理人与人之间的关系，就会使你获得不同的信息，你就可能在这些信息的协助下，处于领先地位，取得事业的成功。

良好的人际关系，不仅具有以上几种作用，它更能使人摆脱孤独的窘境，使你左右逢源，从而更好地与他人合作，共创你的事业。

人都是有感情的，感情的凝聚力是巨大的。善于用"情"来联络会助你一臂之力。

李亚丽是某工厂的一名下岗职工，丈夫所在的工厂也不景气，每月只能发300元，加上她的下岗补贴，不足400元，可家里还有两个孩子上学，日子过得非常艰难。

政府为了解决下岗职工再就业的问题，在城区建了一个菜市场，鼓励下岗职工进行自食其力的劳动。

亚丽和丈夫一商量，借了400元钱，再加上家里仅有的100元钱，租了一个菜摊，准备卖菜。

夫妻俩说干就干，第二天就把摊支开了，亚丽跑上跑下，抱着批来的蔬菜，就像抱着自己的第一个儿子一样，心里喜滋滋的。

一天下来，算一算账，赚了12元钱，亚丽心里甭提有多高兴了。

然而好景不长。这个位置太偏，人们购菜都不愿跑那么远，于是菜市场就慢慢地冷落了，有时候，一天连一斤菜也卖不出去，亚丽决定收摊，不再卖菜了。

决定收摊的那一天，快下班的时候，有一个黑黑的中年人，偶尔跑到这里，买了15斤西红柿让亚丽包装好待会儿再来拿。可是亚丽守着摊什么也没卖，一连等了5天，这个人终于来了，亚丽赶快喊了他，给他西红柿，可一看，西红柿全坏了，于是亚丽拿出口袋里仅有的5元钱，去外边买了5

斤西红柿，交给了中年人。

中年人怔怔地看着亚丽和空空的菜摊，好像明白了什么，轻轻地问："这几天你一直在等我？"

亚丽慢慢地点了点头。

中年人略略思索，麻利地掏出笔，唰唰地在纸片上写着，递给亚丽说："我是附近工厂的伙食长，每天都到城里买菜，往后你就照这个单子每天给我厂送菜吧。"

亚丽惊喜地接过纸片。

从此，亚丽每天就按时给工厂送菜，从而摆脱了家中的困境，生活慢慢好起来。

在这个小故事中，亚丽可以说是因祸得福，而她得福的主要原因，还是归功于她的真诚，正是这样才得到他人的帮助，从而使自己走出窘境。

老实人在生活工作中要注意不断地培养与他人之间的感情，这样才更利于自身的发展。同事关系就是其中最典型的一种，融洽的同事关系，是成功的要素之一。

人际关系的融洽是人生中的一件大事。和谐的人际关系，不但有利于事业的发展，还有利于个人的健康。

要搞好人际关系，就要具备一定的素质。

第一，老实人要机智，勇敢。

机智能使人摆脱尴尬，从而融洽人与人之间的关系，获得广泛的群众基础，是事业成功的一种重要因素。机智是后天培养出来的，老实人只要爱学，善学，一样可以获得。

一家英国电视台的记者在采访我国著名作家梁晓声时提了一个十分刁钻的问题："没有文化大革命，可能就不会产生你们这一代作家。那么，"文化大革命"在你看来是好还是坏？"

这个问题确实刁钻，"文化大革命"是不容易说清楚的问题，说好吧，显然不妥，说不好吧，还有一点难，况且说不好当时还会影响毛泽东同志的形象，英国记者的用意就是想让梁晓声出丑。怎么办？

梁晓声镇定自如，他机智地反问道："没有第二次世界大战，就没有以反映第二次世界大战而著名的作家。那么，你认为第二次世界大战是好还是坏呢？"

英国记者哈哈大笑，与梁晓声握手言和，二人还成了很好的朋友。

机智使人摆脱困境，勇敢使人获得意想不到的收益。

第二，老实人要有幽默感

人们都喜欢幽默的人，因为幽默而产生的成功者千千万万，幽默是一种使人更具魅力的魅力。

幽默首先是一种艺术，是人在生活、交往和斗争中的一种工具，对幽默这一工具的恰当运用，会使你的生活充满活力，使你的交往和谐、自然，更会使你在斗争中智胜一筹，并能够获得友谊。

老实人要学会幽默，从而增加个人的吸引力，使更多的人接近你、理解你，在你遇到困难的时候，他们会毫不犹豫地帮助你，助你成功。

美国的罗斯福总统和英国的丘吉尔首相是二战时两个叱咤风云的人物，在研究如何对付法西斯时，两个伟人会面了。

在会面中，两个人仔细地讨论了对付日本、德国和意大利的详细计划，但在某些利益分配上，各自为自己的利益着想，不能尽快达成一致协议，两人很伤脑筋。

一天晚饭后，丘吉尔去拜访罗斯福，丘吉尔没有让工作人员禀告，直接进入了罗斯福的住处，而罗斯福刚刚洗完澡出来，正好一丝不挂面对丘吉尔，两个人都很尴尬。

罗斯福先反应过来，哈哈大笑着说："丘吉尔首相，我罗斯福真是毫无保留地向大英帝国全面开放啊！"

两人都哈哈大笑起来，一场尴尬的场面就这样过去了，两人由此还结成了深厚的友谊。在此后的日子里，两人各自让步，从双方的利益出发，很快达成了协议，从而为法西斯的灭亡和世界反法西斯斗争的胜利奠定了基础。

在这种尴尬的时候，幽默是最好的调和剂，通过幽默最能建立两人之间的那种亲密无间的友谊。

幽默不仅能让人笑，同时也增加了魅力和风度，也会使你在针锋相对的斗争中，用轻松的心情战胜对手。老实人应该是活泼开朗的，学会用幽默来武装自己，在事业上更会有一种意想不到的收获。

第三，老实人要学会理解。

幽默可谓是在紧张中战胜对手的一剂良药，但这些都需要别人理解了其中的含义之后，才能达到目的。在交际中，人一定要学会理解，这样可以大大减少冲突的发生。

理解是一种人与人之间沟通的桥梁。要想成就一番事业，就必须学会理解，在理解别人的同时，也获得别人的理解，这样就能有效地防止人与人之间尖锐的对立，建立一种相互合作的人际关系，从而找到事业上的好伙伴、好帮手。

"当今，成千上万的推销员拖着沉重的脚步在人行道上蹒跚，他们感到疲乏、沮丧、收入不高。为什么呢？因为他们只考虑自己的愿望。如果推销员能够向我们说明他的服务或他的商品能够帮助我们解决什么问题，那么他用不着宣传，也用不着卖，我们就会向他买。"卡耐基的这段话向成千上万的推销员说明了一个道理，也给了我们一个哲理，自己不理解别人，别人如何来理解你呢？

能理解别人的人，必须在行动上宽宏大量，体贴别人，这样才会赢得更多人的好评，从而树立一个良好的形象。

老实人要成就一番事业，没有支持和帮助是不行的。只有正确认识到这一点，正确认识自己，从自身出发，乐于助人，能与人同甘共苦，这样才有机会赢得别人的帮助与合作，才能成就事业。

要想获得别人的帮助，必须要率先做到主动去关心别人、帮助别人。

老实人应该向别人学习，学习他们的优秀品质，使自己养成良好的习惯，通过自身努力，营造良好的人际关系，更成功地与他人合作，来完成自己的事业。

老实人要会说话

古往今来，不知有多少人，凭着三寸不烂之舌，改变了自己平凡的命运。

说话是人们每天生活的主要内容，从早晨睁开眼睛开始，一天中的每件事都必须用语言来推动。因此语言在人们生活中是最简单，最平凡也是最重要的事。正因语言与人们息息相关，所以说话的技巧就显得尤其重要。

两汉初年，汉高祖刘邦战胜了项羽，平定天下之后，开始论功行赏，群臣在这个时候，彼此争功，吵了一年多都无法确定。刘邦认为萧何功劳最大，就封萧何为侯，封地也最多，但群臣却心中不服，议论纷纷。在封赏勉强确定之后，对席位的高低先后又起争议，大家都说"平阳侯曹参身受70次伤，而且攻城略地，功劳最多，应当排他第一。"刘邦因为在封赏时已委屈了一些功臣，多封了许多给萧何，所以在席位上难以再坚持，但心中还是想将萧何排在首位。

这时候关内侯鄂君已揣摩出刘邦的意图，就挺身上前说道："群臣的评议都错了！曹参虽然有攻城略地的功劳，但这只是一时之功。皇上与楚霸王对抗五年，时常丢掉部队，四处逃避。而萧何却常常从关中派兵员填补战线上的漏洞。楚、汉在荥阳对抗了好几年，军中缺粮，都是萧何转运粮食补给关中，粮饷才不至于匮乏。再说皇上有好几次逃到山东，都是靠萧何保全关中，才能接济皇上的，这才是万世之功。如今即使少了一百个曹参，对汉朝有什么影响？我们汉朝也不必靠他来保全啊！为什么你们认为一时之功高过万世之功呢？我主张萧何第一，曹参其次。"

刘邦听了，自然是高兴无比，连忙说："好，好。"于是下令萧何排在第一，可以带剑入殿，上朝时也不必急行。

刘邦本是个大老粗，在分封诸侯的时候，将一些从前跟着他出生入死、身经百战的功臣比喻为"功狗"，而将发号施令、出谋划策的萧何比喻为"功人"，所以萧何的封赏最多。明眼人一看就知道刘邦宠幸萧何，所以安排入朝的席位上，高祖虽然表面上不再坚持萧何应排第一，但鄂君早已揣摩出他的心意。于是顺水推舟，专拣好听的话讲，刘邦自然高兴。鄂君因此而被改封为"安平侯"，封地也多了近一倍。鄂君的几句话，使他一生享尽荣华富贵。

在某种情况下，不说比说更好，这时，选择不言便是最佳谋略，即所谓"此时无声胜有声"。

唐太宗有次问魏征："如果你的进谏我没有听取，再同你说话时，你为什么不应答呢？"魏征回答说："我认为一件事不可以三番五次反复劝谏。如果陛下不听从，而臣子让步了，那么你还将照样做，所以我不敢应答。"李世民说："应答了再劝谏也没有关系呀！"魏征说道："从前舜告诫群臣'你们不要当面听从，背后议论'。臣内心知道不对，却满口应承，这难道是臣子应持的态度吗？"

说话并非韩信点兵，多多益善，有时反而会起到事倍功半的效果，所以正确把握说话技巧是非常重要的。

老实人应该掌握说话的技巧

两个学生各拿着自己的一幅画请老师评价。老师如果对甲说："你画得不如他。"乙也许比较得意，而甲心中一定不悦，不如对乙说："你画得比他还要好。"乙固然很高兴，甲也不至于太扫兴。这两种话一比较，就显出了说话技巧的问题。

一位母亲赞美孩子："你是一个好孩子，有了你，我感到很欣慰。"这种话就很有分寸，不会使孩子骄傲。但如果这位母亲说："你真是一个天才，在我看到的小孩中，没有一个人赶得上你。"那就会使孩子骄傲，把孩子引入歧途，而达不到鼓励孩子的目的。

所以，讲究说话技巧也是一种很重要的艺术，说话是否有技巧，对于老实人办事成败有着很大的关系。

一、与陌生人办事时的说话技巧

自我介绍是人们社会交际的一种手段。由于交际的目的、要求不同，自我介绍的繁简分寸亦应有所区别。

在有些情况下，自我介绍的内容很简单，只要讲清姓名、身份、目的、要求即可。例如某建筑公司采购员到某钢厂买钢材。他一进供销科的门，就对坐在办公桌边的一位先生说："您好！我是某某建筑公司的采购员，来你厂买圆钢，希望你能帮忙。"说着掏出介绍信。那位先生接过介绍信看一下，赶忙说："我叫李来顺，是厂里的推销员，咱们坐下来谈谈。"通过这样一番简单的自我介绍，钢材贸易的大门打开了，洽谈有了

217

一个良好的开端。

在另外一些情况下，自我介绍的内容就需要较详尽了，不仅要讲清姓名、身份、目的、要求，还要介绍自己的经历、学历、资历、性格、专长、经验、能力、兴趣等等。为了取得对方信任，有时还得讲一些具体事例。近几年来，许多企业实行租赁，公开招标。投标者要做的第一件事就是向招标单位的负责人做详尽的自我介绍。下面是租赁××汽车油泵厂的许××的自我介绍：

"我是××，工业大学机械加工专业1966届毕业生。1981年起，在××汽车制造厂油泵车间当技术员，负责产品质量检查。1980年晋为工程师。从1983年起，承包厂服务公司的汽车修配厂，直到现在。这些年来，我一直在研究国内外关于机械加工方面的先进技术，对汽车油泵的品种、规格、型号、质量、工艺流程、销售情况也比较熟悉，有一定的管理经验。我今年45岁，正是年富力强的时期，很想干一番事业。我的思想比较开放，对当前的经济体制改革很有兴趣，想一试身手。关于上述情况，如果有必要，你们可以去核实。今天来了，就是要和其他的招标者展开一场竞争，我相信我是能够胜利的。我这个人做事果断，敢于拍板。只要给我十天的时间，就能把厂里的情况搞清楚，拿出办厂的具体方案，提出上缴的利润指标。"

这个自我介绍就比较详尽、有力，因而赢得了招标单位的初步信任，为后来的中标创造了有利条件。

什么情况下做简单的自我介绍，什么情况下做详细的自我介绍，这没有定规，只能视具体情况而定。一般地说，以联系工作为目的的自我介绍，宜简；以用人交友为目的的自我介绍，宜详。

二、托人办事时的说话技巧

托人办事，即使是关系很密切的人，措辞、语气不要用命令的口气"你必须为我""一定要完成"等，这样说，有时会强人所难，让人难以接受，而要说"请尽量帮我一把""最好能帮我干到底"，给人留下回旋的余地。如果是当时难以答复的问题，就要说："过两天给我一个信儿好吗？"或者"到时我去找你，请你费心"等，托人办事要给人留下一个充分考虑和商讨的时间，让人可进可退。

托人办事，态度要诚恳，应尽量向人家讲明自己做此事的目的、作用，把事情的原因、想法告诉人家。说话不要支支吾吾，不要让对方觉得你不相信他。

催问也很有讲究，催问时要客气，语气平和，即使受了冷遇，碰了钉子，或者处理者发了火，你也要沉住气，只要问题能处理，受点委屈也是值得的。

三、应答别人时的说话技巧

如何应答求你办事的人，也是衡量办事能力的一个方面。凡认为对的，就回答他一声"很好"；认为不对的，就回答他"这个问题很难说"；自认为可以办到的事就回答他："我去试试，但成功与否现在还很难肯定。"自认为办不到的事就回答他："这件事很难办，就目前的情况我看是没有多大的希望。"

总之，应答求你办事的人，不要把话说得太肯定。太肯定的回答，很容易给双方造成不欢而散的后果。一切回答，必须留有回旋的余地，万一不能马上决定，你可以回答："让我考虑考虑，再答复你可以吗？"或者说："让我与某商量后，由某某答复吧。"前者是接受与不接受各占一半，后者多半是婉言拒绝。

如果求你办事的人唠叨不停，你不愿意再听下去，也有方法可以应付。你可讲些其他无关紧要的话，转移话题，也可以直接说："好的，今天就谈到这里为止。"然后站起身来，说声"对不起，我还有事要办，下次再谈！"求你办事的人会终止谈话，不再与你纠缠。

四、催问别人时的说话技巧

催问别人时要注意用语的技巧，应多用恳请语气，千万不可用"怎么还不处理呀？"、"不是说今天就给我答复吗？为何讲话不算数？"、"你们到底什么时候解决？"、"这个月底前必须处理！"等责问句或命令句。如果改换另一种询问口气，可能效果会好得多。

不能有急躁情绪，要耐心地、不厌其烦地登门拜访，申诉你的理由和要求。别指望很快就能得到答复和处理，要有长期作战的心理准备。

在催问时间的间隔上，要越来越短，次数上要越来越频繁，要造成处理者的紧迫感。频频催问很可能会引起对方的烦躁，这不要紧，只要你是有礼有节，就没有关系，只要你坚持不懈，就会带来转机。

五、说话要讲究语调

有效地运用你说话的语调，会帮助你顺利地办事和处理人际关系。例如，你想请同事帮忙办件事，如用柔和音调："帮个忙，行吗？"同事会很热心地帮助你。同样，上司给下属分派任务，如果语调运用恰当，职员会愉快地用心地完成任务；如果用毫无商量的命令式语调吩咐下属干活，下属很容易产生抵触的心理。

因此，根据人们对说话语调更在意的心理，恰当地运用语调，也不失为一种办事技巧。

低沉而缓和的声音往往更能给对方以难忘的印象。香港的一位著名的节目主持人，在回忆自己成功的经验时说："想把自己的观点或意见传达给对方时，和对方保持40～60厘米的距离，稍微压低一些自己的嗓音和对方谈话，效果最佳。"

交流是相互影响的，你的音调会影响到对方的情绪。当你高嗓门说话时，对方为了达到和你同样的效果，也会情不自禁地提高自己的嗓门；如果你以低沉而缓和的语气交谈，即便语气和内容都很强硬，对方也能接受，使交谈能顺利进行，而你也可以给人留下沉稳、有涵养的印象。所以，你要给对方留下难忘的印象，使用低沉缓和的语气往往效果更佳。

"瞬间沉默"能够集中听众的注意力。无论你做演讲、主持节目还是授课，首先必须把听众的注意力集中到你身上。有些演讲者和授课者一上台就会立即开始他的演讲，这是一般规律。如果你一开始就想抓住听众的心，在演讲开始之前稍做沉默，环顾全场，这样，听众知道你即将开始你的演讲，就会停止与别人的交谈或放下手中的笔，而做出准备听你演讲的姿态，这样一开始，你就吸引了听众的注意力，你的演讲也就成功了一半。

否定的语气更能强化肯定的意思。有位学生学习很刻苦，一直以考上大学为奋斗目标。发榜那天，他打电话向他父亲汇报情况时说："爸，我考得不太理想。"

他爸很紧张："是不是没考上？"

他回答："不，考上了。"

这位父亲在瞬间经历了由紧张、担心到放心、欣喜的心路历程。

人都有逆反心理，对一件事情，你越是予以否定，对方就越想找出理由来加以肯定。因此，与人谈话不妨采取先否定后肯定、先抑后扬的方式，这样能给人以深刻印象。

六、说话要看场合

美国前总统里根一次在国会开会前，为了试试麦克风是否好使，张口便说："先生们请注意，五分钟之后，我对苏联进行轰炸。"一语既出，众皆哗然。里根在错误的场合、时间里，开了一个极其不当的玩笑。为此，苏联政府提出了强烈抗议。这说明，在庄重严肃的场合里是不宜开过头玩笑的。

说话必须讲究场合，不注意这点，说一些不适宜场合气氛情境的话，往往与初衷适得其反。

在丧葬场合，说任何喜乐的话、玩笑的话，都会引起当事人的不满；安慰丧亲的不幸者，说急于劝阻对方恸哭的话也是没有作用的，强烈的悲痛如巨石积压在心头，愈压愈重，不吐不快，让其宣泄、释放出来，反而有利于较快恢复心理平衡和平静的状态。

在一个人情绪失控的情况下，任何好心的安慰都难以使当事人接受。不如等他冷静下来，恢复了理智，再同他交谈为好。

相反，在医院里，对于身患绝症的病人，说一些善意的谎言，开几句玩笑，却有可能唤起他对生活的热爱，增强他与病魔抗争的决心，就有可能使生命延续得更长久，甚至战胜死神。

陪孩子去考场参加考试，考完一场下来，孩子们必然要对答题状况有所交流、探讨。在这个场合下，如果不客气地批评孩子答题马虎，平常学习不认真，必然要影响到下一科的考试情绪。

在公众酒宴上，若有领导光临，主人受宠若惊，对领导大加溢美之词，就会让别人听了不舒服。有的主人只顾和领导说话，劝领导喝酒，冷落了其他客人，这是要不得的。

聪明的人善于抓住场合时机来达到自己的办事目的。

某校有个班主任谈到，有一天，他们的高一·二班与四班进行篮球比赛，两个队打得十分激烈，后来，高一·二班赢。

第二天一早，学校布置纪律和卫生检查，高一·二班同学们正处在兴奋之中，他们以为今天班主任讲话一定讲昨天的球赛，什么"单骑闯关"，什么"敢打敢拼"，当中穿插一两句鼓劲的话。

没想到班主任一上讲台，不说这些，而是说："我们班算什么先进卫生班？桌子没擦，楼道脏土没有倒。现在，留下一些人立即搞好卫生，其余上操。我们篮球比赛夺了魁，卫生纪律也得搞上去！"由于大家陶醉在球赛的胜利之中，所以先给他们泼点冷水，叫他们看到某些方向的差距，这是有好处的。

审时度势，因势利导，在不同的场合使用不同的说话方式，这对提高老实人的办事能力是大有好处的。

老实人要知道"逢人只说三分话"

俗话说，"逢人只说三分话"，还有七分话，不必对人说出，老实人也许以为大丈夫光明磊落，事无不可对人言，何必只说三分话呢？

老于世故的人，的确只说三分话，你一定认为他们是狡猾，是不诚实，其实说话须看对方是什么人，对方不是可以尽言的人，你说三分真话，已不为少。孔子曰："不得其人而言，谓之失言。"对方倘不是深相知的人，你也畅所欲言，以快一时，对方的反应是如何呢？你说的话，是属于你自己的事，对方愿意听么？彼此关系浅薄，你与之深谈，显出你没有修养；你说的话，是属于对方的，你不是他的诤友，不配与他深谈，忠言逆耳，显出你的冒昧；你说的话，是属于国家的，对方的立场如何，你没有明白，对方的主张如何，你也没有明白，你偏高谈阔论，轻言更易招祸呢！所以逢人只说三分话，不是不可说，而是不必说，不该说，与事无不可对人言并没有冲突。

事无不可对人言，是指你所做的事，并不是必须尽情向别人宣布。老于世故的人，是否事事可以对人言，是另一问题，他的只说三分话，是不必说，不该说的关系，绝不是不诚实，绝不是狡猾。说话本来有三种限制，一是人，二是时，三是地。非其人不必说。非其时，虽得其人，也不必说，得其人，得其时，而非其地，仍是不必说，非其人，你说三分真话，已是太多；得其人，而非其时，你说三分话，正给他一个暗示，看看他的反应；得其人，得其时，而非其地，你说三分话，正可以引起他的注

223

意，如有必要，不妨择地作长谈，这叫作通达世故的人。

老实人要学会与人沟通

在现代社会，相互协作显得越来越重要，闭关自守、故步自封是没有出路的。社会如此，个人也如此。在日常生活中，我们经常有这样的体会，同样一件需要与别人商谈的事情，不同的人去面谈，结果大相径庭。

卡耐基在一次讲课中讲述了这样一件事：

日本一位学者曾提出这样两个有趣的算法：5+5=10和5×5=25。

这两个算式的意思是：假设有这样两个人，他们的能力都是5，这样，两个人的能力加起来则等于10。如果他们互不交往，或者虽有交往却无坦诚面谈和交流，那么他们的能力都不会有任何提高。这是5+5=10。

如果他们交流信息，相互协作，便可能因为互相"感应"而产生思想"共振"，使两个思想重新组合而发挥出高于原来很多倍的效力来，犹如5×5=25。

英国作家萧伯纳有一个关于交换苹果和交流思想的有名的比喻。他说，倘若你有一个苹果，我也有一个苹果，若我们相互交换这个苹果，那么，你和我仍然是各有一个苹果。但是，倘若你有一种思想，我有另一种思想，而相互交流这些思想，那么，我们就将各有两种思想。

与人面谈，有助于你摆脱原有视野的束缚，进入一个更自由的思想天地，在一定条件下，还会因质的变化，产生出更多的新思想。

我们学习面谈的技巧，就是要追求产生"新思想"这样的效果，即5×5=25。

在现代社会，相互协作显得越来越重要，闭关自守、故步自封是没有出路的。社会如此，个人也如此。在日常生活中，我们经常有这样的体会，同样一件需要与别人商谈的事情，不同的人去面谈，结果大相径庭。有的人不仅达不到5×5的效果，甚至连5+5都做不到。如果成了5-5，那就真应验了中国那句古话：成事不足，败事有余。

这绝不是危言耸听。在日常生活中，几乎每个人都可能碰到因"言不达意"而使人曲解、误解、招致烦恼，甚至结下怨仇的事情。在社交场合中，你也许由于不能随机应变和出语不敏而被弄得言困语穷、丑态百出。

还比如，你未能及时察觉到面谈对象心绪不宁，而自己一味喋喋不休，这时你的"金玉良言"只能得到5-5的效果了。

再比如你出言不慎，误触对方的伤心处，而你还自鸣得意，可想而知，面谈的结果该是怎样的一番境况。

这样，充分利用面谈的机会，追求人际交往的乘法效应，对于你走上成功的坦途，就是非常重要的一件事了。

记得数年前纽约一位企业家说，他在大学读书的时候就觉察到，如果这一生真要出人头地，一定要学会沟通，特别是向很多的人讲话，因而他参加了卡耐基训练，而他学的是化学。

其实我们中有许多人有这种体会，我们在求职的时候，主考官对我们的印象常是决定录取与否的关键。而且职位越高，像应征经理、总经理的时候，印象更重要，而我们的沟通能力就是这印象的重要组成部分。

在工作、赚钱、事业发展方面，我们需要别人的支持、合作才会成功。怎么样才能得到他人由衷的合作呢？那就要靠与上司、老板、客户的沟通能力了。婚姻生活更是如此，从交朋友到谈恋爱，到婚后的家庭生活，以至后来的亲子关系，无一不需要沟通。

著名成功学大师卡耐基这样说："所谓沟通就是同步。每个人都有他独特的地方，而与人交际则要求他与别人一致。"

可见沟通是一种能力，不是一种本能。本能天生就会，能力却需学习才会具备。

老实人需要大胆张扬你自己

老实人最大的弱点就是自贬，亦即廉价出卖自己。这种毛病以数不尽的方式显示。例如，约翰在报上看到一份他喜欢的工作，但是他没有采取行动，因为他想："我的能力恐怕不足，何必自找麻烦！"

你知道你自己的优点吗？所谓的优点是任何你能运用的才干、能力、技艺与人格特质，这些优点也就是使你能有贡献、能继续成长的天才。但是，大家总觉得说自己的优点是不对的，会显得不太谦虚的。

其实，自己在某方面确实有优点却去否定它，这种做法既不合人性，也不诚实。肯定自己的优点绝不是吹牛，相反地，这才是诚实的表现。

天才能真正清楚自己有哪些优点，因为要成功就一定得好好地利用自己的优点。

举个例子来讲，要是有人说你菜烧得好，也许你会说："哪里，哪里，其实烧得不好。"或者说，"这也算不上什么特殊的才能。"可是菜烧得好，绝对是特殊的才能。

菜要烧得好需要相当的条件：要有创造力，时间要捏得准，还要具备组织能力。菜烧得好对于生活过得愉快与幸福也有很密切的关系

假如有人告诉你："你在电话里很会说话。"你也许会讲——用电话谈话很容易，这没什么了不起。然而你要知道：有很多人觉得用电话谈话非常困难，因此打电话打得好实在是值得骄傲的优点。

几千年来，很多哲学家都忠告我们：要认识自己。但是，大部分的人都把它解释为"仅认识你消极的一面"，大部分的自我评估都包括太多的缺点、错误与无能。

认识自己的缺点是很好的，可借此谋求改进。但如果仅认识自己的消极面，就会陷入混乱，使自己变得没有什么价值。要正确、全新的认识自己，绝不要看轻自己。

遣词造句就像一部投影机，把你心里的意念活动投射出来，它所显示的图像决定你自己和别人对你的反应。

比如，你对一群人说："很遗憾，我们失败了。"他们会看到什么画面呢？他们真会看到"失败"这个字眼所传达的打击、失望和忧伤。但如果你说："我相信这个新计划会成功。"他们就会振奋，准备再次尝试。

如果你说："这会花一大笔钱。"人们看到的是钱流出去回不来。反过来说："我们做了很大的投资。"人们就会看到利润滚滚而来，很令人开心的画面。

以下四种方法可以使你的意念活动所投射出的图像产生积极的效应。

一、用伟大、积极、愉快的语句来描述你的感受

当有人问你："你今天觉得怎么样？"你若回答说："我很疲倦"（或"我头痛""但愿今天是周末""我感到不怎么好"），别人就会觉得很糟糕。你要练习做到下面这一点，它很简单，却有无比的威力。当有人问："你好吗？"或"你今天觉得怎么样？"，你要回答："好极了。谢谢你，你呢？"在每一种时机说你很快活，就会真的感到快活，而且，这会使你更有分量，为你赢得更多的朋友。

二、用明朗、快活、有利的字眼来描述别人

当你跟别人谈论第三者时，你要用建设性的词句来称赞他，比如，"他真是一个很好的人。"或"他们告诉我他做得很出色。"绝对要小心避免说破坏性的话。因为第三者终究会知道你的批评，结果这种话又反过

来打击你。

三、要用积极的话去鼓励别人

只要有机会，就去称赞人。每个人都渴望被称赞，所以每天都要特意对你的妻子或丈夫说出一些赞美的话。要注意并称赞跟你一起工作的伙伴。真诚的赞美是成功的工具，要不断使用它。

四、要用积极的话对别人陈述你的计划

当人们听到类似"这是个好消息，我们遇到了绝佳的机会……"的话时，心中自然就会升起希望。但是当他们听到"不管我们喜不喜欢，我们都得做这工作"时，他们的内心就会产生沉闷、厌烦的感觉，他们的行动反应也跟着受影响。所以，要让人看到成功的希望，才能赢得别人的支持。要建立城堡，不要挖掘坟墓。要看到未来的发展，不要只看现状。

你有哪些优点？自己清楚吗？你是不是知道自己所有的优点？你能不能说出这些优点？通常，大家不太愿意谈自己的优点，总觉得说自己的优点显得太不谦虚，总觉得说自己的优点是件不对的事情。在别人问起他们有什么优点时，他们也许会说："我不知道，不过我想我是有些优点的"；可是在别人问起他们有什么缺点的时候，他们倒很快地罗列出一大堆。大多数的人都被教会了一个观念：讲自己有哪些优点是不对的，讲自己有哪些缺点是绝对应该的。

老实人要正确地评价自己

老实人应该学会正确地评价自己。

正确地评价自己，也是获得成功的最重要、最基本的条件之一。首先我们要在心里确信自己存在的价值。

两千年前，希腊刻有"认识你自己"的大字，亚里士多德等一批古老的希腊学者就开始为人类认识自身而奋斗着。直到今天，人们还在不停的问自己：我到底是一个什么样的人？这是因为，每个人都有对世界（当然也包括你自己）的强烈好奇心，当弗洛伊德发现人的潜意识的某些秘密以后，人们更是难以想象自己到底有什么样的价值，这也迎合了每个人心底对自己的希望——关于"我是与众不同的"的高傲想法，现实当中的自己表现得又满不是那么回事，这些困惑导致人们很难做出正确的自我评价。

你对自己的身体、智力、社会性和情感有着各种各样的感受；对自己在音乐、体育、艺术、技工、写作等方面的能力有着自己的评价。这样，你所参加的活动有多少，你的自我形象也就有多少，它们始终贯穿于这些活动之中，不管你是接受自己还是否定自己。你的自我价值与你的自我评价并不能画等号。你是一个人，你是存在的。把握住这两点就足够了。你的价值是由自己决定的，不需要向任何人做出解释。你的价值与你的行为和感觉没有任何关系。你可能不喜欢你的某一特定行为，但这并不影响你的自我价值。你可以选择并永远保持这一价值，然后再着手解决自我形象方面的问题。

成功者总是这样认为："我喜欢我自己。我就是我。没有比这更美好的了，包括我的出生、我的成长，我因为我就是我而庆幸。无论我生在什么时代，我都不愿成为别的什么人，而只愿成为自己。"正是这种凡事向前看的思考方法，才会使人积极地进行自我评价。当然，这种善于自我肯定的思考方法，并不一定是天生的。它也是在日常生活中通过不懈地修炼而来的。人们不仅从有所成就的父母那里继承，还会从优秀的老师、前辈、朋友那里得到鼓舞和勇气，受到启示。在接受长期教育的基础上，才成为有信心的人。

要想提高自我评价，必须认识到，你的一生都是在前进，在开发自我，有了这种认识，然后加以坚持不懈的努力，成功就可以实现。

遗憾的是，生活中总有些消极的情绪影响我们做出正确的自我评价。精神病理学家巴纳德·赫兰博士曾对那些少年犯做过如下评述："初见他们时常给人以独立心极强的印象，富于反抗，对父母、教师、警察等象征某种权利的人怀有嫌恶感，并对一切都表示不满和不服。然而在他们过度防御的坚实盔甲下面隐藏的却是一颗极其柔弱易碎的心灵。实际上他们在任何时候都希望依赖某个人。"

当我们犯下一些错误或是失去生活中的某种机会时，总是习惯于向别人抱怨。要知道，这种向别人诉说你不喜欢自己的地方，只能是加强你继续对自己不满，因为别人对此几乎总是无能为力的，至多只能加以否认，可你又不会相信他们的话。向别人抱怨是无济于事的，只有自己给予自己一个积极而且比较客观的评价，才有利于你的进步。

有了对自己的正确评价，你就会懂得真正的自我不在于形式的表现，而是种内心的强大力量。诺贝尔和平奖获得者鲍尔奇曾经受托为一个晚宴确定宾客座次，要使所有有身份的人都感到满意，这件事确实会令人为难，即使对一个专业的礼仪公司来讲也不大好办。而鲍尔奇运用自己独特的办法去做这件事。在宴会前，他告诉大家，请宾客自便，喜欢坐在哪儿就坐在哪儿，他说："真正重要的人都是不在乎别人怎么看待自己的人，而在乎的人都是不重要的。"

我们应该承认这样一个事实："人是具有个性的存在"，此外我们还可以这样理解："世界上的任何人，都应该享有发挥自己才能的平等权利。"这里我们要弄清一个重要的概念，即自己脑中具有的自我意向是由自己来刻画决定的。自我形象，是理解人的行动的根本因素。自我形象的变化会引起自我个性和行为风格的变化。许多年来，心理学、精神学和医学形成了一个有关"自我"的新理论和新概念——自我意向。它是指一个人的心理和精神上的观念，或其自我"图像"，它成了左右人的个性和行为的真正关键。改变自我意向就能改变自己的个性和行为，但这还不是全部，"自我意向"还决定一个人成就的限度。他决定你能做什么和不能做什么。如果你扩展了自我意向，就能扩展自己的"潜在领域"。发展适当的自我意向能使你富有新的能量和才华，并最终将失败转化为成功。如今，自我意向的重要性已得到了普遍承认。

在莎士比亚的《哈姆雷特》中，宰相波洛涅斯这样说："最最重要的是忠于你自己。你只要遵守这一条，剩下的就是等待黑夜与白昼的交替，万物自然地流逝；倘若果真有必要忠于他人，也不过是不得不那样去做。"

老实人需要表现自我争取机会

老实人应该善于积极地表现自己。在日常的每时每刻，每个行动中，我们都在阐述和表现着自己最高的观点、步伐、语者力、倾听力、各种各样的处理问题的方式。我们不仅把自己的信息传递给别人，也从人们那里得到信息，我们知道了对方的真实心情，同时竭尽全力与对方交流。

在机会来临的时候，是最需要表现自我的时候。

著名的节目主持人杨澜正是抓住了成功的机会，成了中国家喻户晓的人物。她的名字是同《正大综艺》、春节联欢晚会一同深深地烙在中国老百姓的心中。作为一名当代大学生，她的成功颇具典范意义，是很值得剖析的。她的转折点来自应聘中央电视台《正大综艺》节目主持人。

在此之前，她只是北京外国语大学的一名普通大学生，并没有什么惊人之举。如果没有这次机遇的话，杨澜也可能会活得很优秀，但绝不可能这么早、这么快又是这么轰轰烈烈的成名。

正如杨澜在自传里所说的那样:"如果没有一个意外的机会,今天的我恐怕已做了什么大饭店的什么经理,带着职业微笑,坐在一张办公桌后面了。"而这个意外机会的掌握,正是靠着她自己的出色表现。

这个机会便是泰国正大集团结束了与几个地方台的合作,转与中央电视台共同制作《正大综艺》。双方决定要挑选一位有大学经历的女大学生做主持人,杨澜也被推荐参加试镜。

说实话,杨澜并不被人看中,只是因为她的气质较佳,所以才能一路过关斩将杀入总决赛。据一位导演透露,虽然杨澜被视为最佳人选,但是被有的人认为还不够漂亮,所以用不用她尚不能确定。

最后确定人选的时候到了,电视台主管节目的领导也到场了,他们要在杨澜与另外一位连杨澜也不得不承认"的确非常漂亮"的女孩子中选择一人。谁将是最后的选择?杨澜的好胜心一下子被激起,她想:"即使你们今天不选我,我也要向你们证明我的素质。"

这次考试两人的题目是:一、你将如何做这个节目的主持人;二、介绍一下你自己。

杨澜是这么开始的:"我认为主持人的首要标准不是容貌,而是要看她是否有强烈的与观众沟通的愿望。我希望做这个节目的主持人,因为我喜欢旅游,人与大自然相亲相近的快感是无与伦比的,我要把自己的这些感受讲给观众听……"在介绍自己时,杨澜是这样说的:"父母给我取'澜'为名,就是希望我有大海一样的胸襟,自强、自立,我相信自己能做到这一点……"

杨澜一口气讲了半个小时,没有一点文字参考,她的语言流畅,思维严密,富有思想性,很快赢得了诸位领导的赏识,人们不再关注她是否长得漂亮,而是被她的表现深深吸引住了。据杨澜后来回忆说:"说完后,我感到屋子里非常安静,今天看来,用气功的说法,是我的气场把他们罩住了。"

当杨澜再次回到那个房间，中央电视台已经决定正式录用她了，这次面试改变了她的一生。

可以说，善于表现自己就是一门把握成功必不可少的功课。

人有一种特性，就是总要把内心的感受多多少少的表露出来。身体状况不佳的时候，无论你怎样打起精神拼命掩饰，你的脸色、你的神态，还是老老实实地说着实话，总会让人感到你与平常不同。同样道理，你在感情和精神状态处于低潮的时候，你的表情、你的形态，甚至你的服饰边幅，都会将其表达出来，怎么也难能给人一个神采奕奕的印象。

成功者认识到这些道理，平常留意在心。生活中的成功者，都是积极的自我表现的典范。成功者是你跨入房间时，最先引起你注意的人。成功者总是亲切的，他们的亲切没有勉强，也没有做作，而是一种自然地流露。这一点是不能忘记的。微笑是全世界通用的语言。微笑使戒备心解除，使心灵相通。它表达了无法用语言表达的含义。微笑是照亮心灵之窗的灯火。它的光明让人感到，世界上还存在着关心你的人，存在着愿与你分享喜悦的人。

成功者四周总是飘逸着一种独特的气氛。这种气氛有着不可抵挡的吸引力，有如神一般的超能力。这种力量，能使人感到镇静，心里有了依托，愤怒也能平息，激动也能和缓，这是一种磁石般的魅力。人们从成功者身上感受到的这些温暖的光辉发自成功者的内心世界。他们总把这种光辉投向周围的人们。

为了更积极地自我表现，老实人你现在应立即去做：

一、端正对自己的认识。要看到自然的神秘和丰富。不要欺骗自己。如果你很健康，你要很好地利用它。客观地看待自己是十分重要的。

二、积极地评价自己。加深对自我价值的认识，并将他传播给他人。谈论自己的事情应该有自豪感。

三、积极地控制自己。所谓时来运转，靠的是充分的准备和自信的行动。同时也在于创造富有责任感的自我形象。

四、积极地树立动机。只考虑成功的成果。把“要是失败了怎么办？不是白费了劳苦”的想法忘掉！激发自己和朋友们的行动欲望。

五、大胆地期待自己。当你燃起热情的时候，它会立即传播到周围，大多数人肯定会对你的热情表现出敬意。

六、积极地刻画自己的形象。任自己的想象力驰骋，描画自己的魅力。在心里勾画出富于创造性的、生气勃勃的自己。并积极地想象自己的魅力越来越大。

七、明确地设立目标。在纸上写出自己的目标，和对实现目标能有帮助的人谈话和讨论。

八、积极地训练自己。清醒地意识自己当前的目标，在自己脑中设想逐步实现目标的自己。在放松的状态下，多次重复上面的训练，锲而不舍，坚持到底。

九、树立积极的人生观。光想到自己一人成功是不行的，要以与大家共同迈向成功的胜者姿态出现。

老实人应该充分挖掘自己的潜能

人的潜能到底有多大？这个问题恐怕是谁也无法回答的。因为按照科学家的说法，人的一生只能用去其脑力的1％，也就是说，每个人都有99％的潜能有待挖掘。

老实人不知道自己的潜能是因为人都有惰性，如果可以依赖，如果可以不动脑筋，那么就不会刻意地发挥出自己的潜能来。

但是很可惜，并不是每个人都有机会释放出自己的潜能。所以我们更应该在日常生活中就学着逼迫自己，对自己要求得更高一些，去做那些你认为自己做不来的事，也许你就会发现，很多能力都是要靠自己挖掘才能表现出米的。优秀的人就是懂得如何充分挖掘自己的潜能的人。

有一个有趣的故事：有一个人死后升上天堂，圣彼得在天堂的门口迎接他，并带他到处参观。走到天堂的车房，那人看见停泊着的车辆中，有很多辆日本制造的小轿车，而只有寥寥可数的几辆劳斯莱斯大轿车。这位天堂最新的公民有点奇怪为什么有那么多日本轿车而比较少名贵的汽车，于是要求圣彼得解释一下。圣彼得摊开双手无可奈何地说：“我们也没有办法，下面的人祈祷的时候，绝大多数要求天主赐给他们日本轿车，只有很少数的人敢要求拥有劳斯莱斯，所以就有现在这种奇怪的现象存在了。”

这个故事的寓意是什么呢？它是说大部分人都小觑自己的能力，自己限制自己本身的发展，有小小的成就马上以为自己已经剑达巅峰状态，于是不肯再冒险，坚决不再向上爬，结果白白浪费了自己的潜能，错过无数向前推进的机会。

下面来看网上读到的一个故事。

一个名叫杜彬的小伙子，长得一表人才，是一小康家庭的独子。他自幼便表现出过人的智商，考试成绩总是名列前茅，观察力极强，对于处理自己的生活更是井井有条。

杜彬读高中时，有位老师对他说：“以你的成绩及读书天分，你大可以转到任何一间名校就读，那将来你考进全国最高学府的机会更大。”杜彬听了，马上摇头，然后说：“名校不是我这种庸才读得上的。”一番好意的老师不禁为之惋惜。

参加美国大学的入学考试时，杜彬的成绩好得他自己也不敢相信。他原本有资格申请就读麻省理工学院，可是他却选择了去一间三流的学校。他还是相信名校不是他"这种人"可以读的。

大学毕业后，他的同学都进了大公司工作，因为他们希望有较大的发展。可是，杜彬却选了一间小规模的公司，他的理由是："人少的公司学习的机会多些，竞争也没有那么大。"

可是世事的安排却似乎与杜彬作对，他服务的那间小公司因为业绩不断地进步，进行了一连串的扩张，而在水涨船高的原理之下，杜彬的职位也愈升愈高。

每一次升级，杜彬的情绪总要低落一阵子，他总是说："这次必死无疑，我哪里有能力担任这个职位呢？这简直是要了我的命！"

由于杜彬对自己的潜能毫无认识，因此他对自己的能力一点信心也没有。他变得愈来愈紧张，而随着这种情绪而来的是他的工作表现显著地退步，他犯错的次数也日益增加，他不能处理分内的工作，最后他的精神终于崩溃了。

后来杜彬不得不在疗养院中痴痴呆呆地过日子。若是有人在他面前轻声说一声"工作"两字，就可以把他吓得半死，看来他至少还需要恢复好长一段时间。

杜彬是个不了解和不接受自己潜能的特殊例子。可是在现实生活中也有很多对自己潜能不充分了解而因此自限的人。假如这些人能够充分了解及利用自己的潜能，那他们岂不是可以为自己创造更丰富更美好的人生？所以，只有不断地发掘、了解、利用自己的潜能，才能将自己的成就推上一个又一个的高峰。

了解及利用潜能的宗旨在于去做那些你真正喜欢做的事情。

有一个人自小就非常喜欢绘画，他的作品时常被老师选出来贴堂，因此有一段时期，他常梦想自己将来会成为出色的画家。可是这个人的父母看见他对绘画的兴趣及天分却吓了一跳，因为他们认为以绘画为生是一件很不稳定的工作，于是他们千方百计地去劝阻孩子发展绘画的潜能。

他们告诉孩子："你完全没有绘画天分。"他们对孩子所画的图画不但不欣赏，还诸多批评。渐渐地孩子开始相信自己对绘画真的没有天分，他对这个曾一度喜爱的嗜好失去兴趣，他放下了画笔。再过一段时期，他发觉自己根本不懂得作画。不久，他甚至一提到绘画便露出憎恶的神色。

孩子的父母终于达到了他们的目的。孩子长大以后，做了一名中学的数学教师，这份工作他也算称职，但他总是提不起劲投入工作，不到30岁，他已经意志消沉得想完全放弃工作，不过基于对父母及自己家庭的责任感，他咬着牙一直干下去。

在一个偶然的机会中，他被邀请替一本教科书画几张插图，他一拿起画笔便再也不能放下。这次，他的妻子企图劝阻他，可是他对她说："我的父母已经尝试过强迫我放弃心爱的嗜好，我错误地听从了他们，而因此浪费了我的潜能。我决不能重复这个错误了。"

不久，他辞去了教书的工作，专职替人绘画各式各样的插图。有空的时候，他不停地绘画，他希望不久可以举行个人画展。他说："现在我才觉得在真正地生活。"

尝试问问自己：我有什么特别的地方？我有什么素质是其他人没有的？我做什么事情时觉得最舒服？我做什么事情做得特别好？我有什么嗜好？我有什么与生俱来的才能？有什么事情我做得特别自然？空闲的时候我会去做什么事情？这样就可以找到你的兴趣所在，只有在这些有兴趣的领域你才可能发挥出自己的潜能。

许多时候，父母、老师及其他长者，会为了我们将来有安定的生活，而替我们选择一条安稳有保障的路。可是当他们这样做的时候，往往忽略了我们的潜能，造成很大的浪费。

因此当我们生活得不如意，觉得未能发挥潜能时，不妨问问自己："父母为我们所创造的自我形象是否有问题？"如果你觉得确有问题的话，那就表示你的生活方式未能将你的潜能带出来，你需要改变。

还有一种情况，当别人说："你最在行是做……""这件事找到你办就确保无误""我早知道你对此事的反应会如此了""你别的可能不行，这个一定行"等话时，将这些说话详细地用笔记录下来。如此做了数星期之后，有系统地分析你的笔记。你会发觉你的行为有一定的模式，原来你一直在人前显露自己某方面的兴趣及才华。这些兴趣及才华很可能是你自己以前从未意识到的，不过如果你相信"旁观者清，当局者迷"这句话，你不会对这些发现掉以轻心，因为它们会带领你发掘到自己真正的潜能所在。

老实人不要轻易吃亏

老实人不要轻易吃亏，哪怕是只有一次，应该在现实生活中保护自己。老实人应该看看犹太人是怎么做。

犹太人很少以主观的情绪做投机买卖。

在做生意时，犹太人是遵照规则做交易性的买卖，但又不是以物品作为代价，做一种单纯的买卖。犹太人做买卖就像在下棋时，交易决定的每一步就像所走的每一步棋，他们必须掌握住它的方方面面，做到心中有数。这是因为犹太人在生意场上的观念是，即使是一次也不轻易吃亏。因此，他们往往很注重了解和掌握市场行情，绞尽脑汁地揣摩对方的态度。

例如，即使在投机生意中，犹太人也十分讲究稳妥可靠。

在英文中，"投机"和"考察"是同义词，犹太人的投机买卖可说是对该词的最好诠释。犹太人的考察，并不光看商品的流通情形，还要视该买卖的商品，在转卖或交换之后的状况，当事人对于该项交易的最后满意程度。犹太人最后决定的投机买卖一定是根据周详和缜密的思索之后所作出的商业行为。

因此，犹太人不相信交易对象的人格担保，不管交易进行至何种程度，他们都以自己所能接受的合理性进行交涉，而他们所提的条件皆在自己肯定的范围下，才会着手去进行。这种观念与日本人的商业经"让顾客高兴，是我们的第一项任务"截然不同。因为犹太人经常会考虑本身所做的、所提出的条件，是否自己也能够接受？是否符合理性？在确定之后，才进行洽谈。犹太人的经商观念是"即使一次也不轻易吃亏。"

这也是犹太民族经营智慧的杰出体现。

老实人在必要时不妨恶一回

恶是自我保护的最佳武器。

有人喜欢选择做好人，但同样有人喜欢做恶人！做好人有利也有弊，做恶人同样也有对自己好的或不好的地方。说到头来，做好人做恶人都不过是做人的技术而已。

做"恶人"，对老实人本身会有什么好处？

第一，恶人虽然肯定神憎鬼厌，但却胜在有威势。在写字楼里，一个经理或主管以恶人的形象出现，有令下属敬畏的作用。

由于许多人都是非驱策不可的，一般而言一个主管"偏恶"会远比他"伪善"更能令下属为他效力办事。黑口黑面不讲人情的主管当然不受下属爱戴，但却更能令下属不敢造次。这是做恶人的第一个好处。

第二，许多人不喜应酬。只想静静的办事，那么恶人的形象便会产生适当的恐吓作用，令你的应酬减到最低限度，赚得清静。

和做好人完全一样，做恶人同样可以因人而施，你可以做"选择性的恶人"。很明显的例子是你可以对下属和同事恶，不可以对老板恶。

何况，恶人是相对的，如果恶人家有河东狮子，只怕他在家里也只配乖乖的做好人！总之，利用恶人的形象，你可以省去许多麻烦。

第二，好人倾向于对人堆笑脸，以至结结巴巴，恶人板着脸做人反而塑造出一个严肃、认真、令人肃然起敬畏之心的形象来。板着脸不但比堆笑脸威猛，也不那么对自己委屈！

从上面三点考虑，可以得见许多恶人尽管本恶，但也有"本来不恶"的人基于需要，得装出恶人的形象来办事。

只要做恶人的好处盖过做人的坏处，做恶人便划算。

其实做恶人的不好之处，大不了也不过是犯众怒，少朋友。但因作恶人大可选择性的"因人而恶"，你仍然可以有朋友（你可对某些人选择做好人，对某些人选择做恶人）。做恶人比做好人容易，也不用吃眼前亏！

当然，如果你选择了一个在一般人心目中的恶的形象，自己需要别人帮助便不免会难得多。恶人利于驱策他人，但不利于得到他人拔刀相助，这是选择做恶人者要考虑的。

每个人都有他自己不同的或好或恶、好恶程度不一的形象。一个恶人的"恶"，可能是他的真性，也可能只是个假象，和好人的"好"完全一样。

不过，装恶人远比装好人难。恶人无论是真恶人或假恶人，首先要有一个恶的表象。如果你是个天生的开心果，或者是病书生的模样，便恐怕想恶也恶不出样子来！即使这人是真的性本恶，也欠缺了恶人应有的威猛。

我也想到好人可以完全是个装出来的假象，但装恶人却也许总得真的有三分恶才能成功地装出所需的形象。在我打工的日子里，我回想起来也觉得自己稍吃了"形象不够恶"的亏（尽管我自问有三分恶），起码我的手下不怕我！如果我也有这问题，便不妨明天起学习有时板起面孔，重新做人了！

老实人要勇于推陈出新

其实，老实人也有可能成为创新的人，关键是看他们有没有创新的观念和能力，能否掌握创新的思维方法和运用创新的基本技法。

推陈出新绝非一味求新求异，是要在牢固掌握基本技能和知识的基础上，在已有的成就上逐步寻求更大的收获。

乔治是专售巧克力的商人，他每到夏季便苦闷异常，因为巧克力变软，甚至融化，销售量急剧下降。他苦思冥想，制造了一种专供夏季清暑用的硬糖，造型上一改块状、片状型，而压制成小小的薄环。1912年，他正式批量生产这种命名为"救生圈"的具有薄荷味的硬糖，颇受欢迎，至今不衰。

推陈出新不一定都是科学家、发明家的事，任何人都可以做，首要的是具有这种勇气和能力。

日本一位家庭主妇，将收缩薄膜覆盖在晒衣竿上并浇上热水。由于薄膜收缩，贴在晒衣竿上，于是变成了竿的塑料薄膜。这是二十年前的一件价值100万日元的发明。实践告诉我们只有不断地创新，不断地否定自己已有的见解，才能生产出更新颖、富有独特性的知识产品，实现不断地超越和发展。然而，知识本身只能是客体，它本身不会创造自己，人才是创新、开发、传播和运用知识的主体。

人人都懂得创造的重要性。尤其是在今天，科学技术不断更新，人与人之间的竞争越加激烈，个人奋斗和集体思想同样重要的社会里，创新更是取得成功、实现自我价值的必经之路。

毫无疑问，我们正处在知识经济这样一个崭新的时代，一个亟需创造精神的时代。知识经济的首要特征就是创新性，创新是知识经济的核心和灵魂。日本长冈科技大学校长川上正光认为，独创能力是一个国家兴亡的关键。江泽民同志在考察北京大学时指出，创新是不断进步的灵魂……如果不能创新，不去创新，一个民族就难以发展起来，难以屹立于世界民族之林。

对于个人来说，苦要在经济社会获得自我价值的实现，追求成功的人生，就必须培养和展现自己的创新素质，否则，将难以在剧烈的竞争中凸显自己的价值。创新，是自我实现和自我完善的最关键素质。

何谓创新？就是在原来的基础上或一无所有的情形下，创造出新的东西。创新需要创新能力，创新能力不仅是一种智力特征，更是一种性格素质，一种精神状态，一种综合素质。

要推陈出新，绝不是把一切都扔掉，连一些经得起时间考验的学识和经验都通通抛弃，不加选择地否定。要知道，经验是我们生活、学习、工作中总结出来的最实用的规律性的感觉，是做任何事都可以运用的原则性体验。而有的知识，并不是短时间就能更新换代的，相反却是放之四海而皆准、引导人类进行创新的理论。因此，在寻求突破时，抛弃的并非是一切已经存在的东西，而是有所选择地否定那些逐渐僵化、生硬、陈腐、过时的观念和道理，包括我们认为非常成功却逐渐落伍，只能记载我们过去的辉煌的东西。

实际上，基本知识是我们创造的根本，是寻求突破的必经之路。如果一名运动员连运动规则都不懂，就整天想着如何向世界冠军进发，岂不是很可笑的事？同样的一名作家的作品在国内尚无人赏识、不被人传颂，却试图去拿诺贝尔大奖，并且完全抛弃自己的风格去学习那些诺贝尔奖得主们的写作的手法，最后的结果是可想而知的。

可见，我们在突破陈旧的思维，追求更大的成功时，应切忌好高骛远，被他人的成功所迷惑，从而失去目标的准确性和可行性。创新能力不仅表现为对知识的摄取、改组和运用，对新思想和新技术的发明创造，而且是一种追求卓越的意识，是一种发现问题、积极探求的心理取向，是一种主动改变自己，并改变环境的应变能力。

创新能力的培养，固然需要全新的素质教育氛围和先进的社会文化环境的熏染，但对于个人来说，关键在于发展创新个性心理品质。事实上，人的创造性潜能是与生俱来的，只要愿意发掘，人人都可以开发自己的创新性潜能，成为创造性的人。

成为创造性的人需要后天的训练，需要克服可能出现的人格缺陷。成为创造性的人，是做人的最高价值指向，而且乐趣无穷。

事实上，我们每个人都有可能成为创新的人，关键是看我们有没有创新的观念和意向、有没有创新精神、是否有创新能力、掌握创新思维方法和运用创新的基本技法训练自己的创新思维和能力。

所谓创新的观念和意向，是指对创新意义的认识和强烈的实现自我价值的意向。如果没有这方面的强烈意向或欲望，创新的"程序"将无法驱动。

所谓创新精神就是有胆量、勇气和知识超越已有的或传统的思想观念。科学文化乃至整个人类历史的进步都是人类创新精神的结果。拉马克否定传统的陈腐的生物学观念、达尔文否定拉马克进而形成进化论、爱因斯坦突破经典物理学的局限、郑板桥独创"板桥体"书法、亚历山大挥剑创造自己解开绳结的方法、哥白尼推翻以地球为中心的天文学说、拿破仑打破传统的作战规则、贝多芬改革交响乐的写作规则等……，与人类相关的各个方面的进步，无一不是创新精神使然。

创新精神的发挥有赖于突破传统思想、习惯行为和权威教条，独立思考，超越流行的束缚。它具体表现为：突破已有的研究成果的限制和消极影响；突破自身习惯性的心理束缚；克服现存文化上的障碍，如顶住不公正的舆论压力等等。

这就需要具有抛掉成见的勇气，吸收新知识。如果只是重复已知的做法，就无法将技术或技艺琢磨得臻于完善，也不可能拥有新技术。为了不断完善、精益求精，就必须研究新事物、追求新方法，并从其中找到有助于目前正在做的事的方法，促使自己突破原来的框框条条的限制。

可以相信，终其一生都能不断创造的人，必定经历过许多变化。艺术家的一生往往有许多不同的面貌与时期。毕加索起初以印象派登场，不久就开创了立体派。康德过了大半辈子之后，才起了大转变，完成《纯粹理性批判》，在那之后，又有一次重大的转变，先潜心于道德，然后转而研究美学。这就是说，不经过长期艰苦的努力，很难获得真正的提高。

不言而喻，这样的转变经常是痛苦的，也是波涛汹涌的。因为一旦投身于未知的、崭新的领域，就可能会失败。但是，变革总是发生在危险与风险逼近时，缺乏勇气，就谈不上进步。

但是，老实人正是因为缺乏这种大无畏的精神而对新的状况望而却步，踌躇不前。他们一到达某个阶段就开始惧怕新的事物，惧怕变化、惧怕成长。他们躲在自己的过去和家中，以及自己的习惯里，就像靠退休金生活的人一样。他们一下子就从社会的舞台上消失，之后就再也没有任何作品，更没有任何人再提起他们。可见，一个人要保持创造力，不仅要有创造的欲望，还应具有推陈出新的勇气。这种勇气，不能与生俱来，更不能靠别人赐予，而要靠自己在实践中不断地累积、实践、升华。

一个人在熟悉的环境中生活久了，就会形成依赖性，造成安宁与舒适的假象。尤其是对于大多数人认可、赞赏的成绩，谁都不愿意轻易将之否定、抛弃。否定过去，对于任何人来讲，都是一种痛苦的体验并可能造成不安全、畏惧的感觉。而在很多情况下，没有否定过去的魄力，就不可能更新观念，创造更高成就。

老实人要对自己充满自信

别人看得起，不如自己看得起。老实人只有充分认识自己的长处，才能保持奋发向上的劲头。自信是激励自己奋发进取的一种心理素质。

有这样一个故事：一个纽约的商人看到一个衣衫褴褛的尺子推销员，顿生一股怜悯之情。他把1美元丢进卖尺子人的盒子里，准备走开，但他想了一下，又停下来，从盒子里取了一把尺子，并对卖尺子的人说："你跟我都是商人，只不过经营的商品不同，你卖的是尺子。"

几个月后，在一个社交场合，一位穿着整齐的推销商迎上这位纽约商人，并自我介绍："你可能已经记不得我了，但我永远忘不了你，是你重新给了我自尊和自信。我一直觉得自己和乞丐没什么两样，直到那天你买了我的尺子，并告诉我，我是一个商人为止。"

"推销员"一直作乞丐，不就是因为缺乏自信心吗？就是从纽约商人的一句话中，"推销员"找到了自尊和自信，并开始了全新的生活。从中我们不难看出自信心的威力。缺乏自信常常是性格软弱和事业不能成功的主要原因。

在现实生活中放弃自己的权利，让别人的意志来决定自己生活的人实在不少。他们把自己上学、择业、婚姻……统统托付或交给他人，失去了自我追求，自我信仰，也就失去了自由，最后变成了一个毫无价值的人。

人生最大的缺失，莫过于失去自信。

一位画家把自己的一幅佳作送到画廊里展出，他别出心裁地放了一支笔，并附言："观赏者如果认为这画有欠佳之处，请在画上做上记号。"结果画面上标满了记号，几乎没有一处不被指责。过了几日，这位两家又画了一张同样的画拿去展出，不过这次附言与上次不同，他请每位观赏者将他们最为欣赏的妙笔都标上记号。当他再取回画时，看到画面又被涂满了记号，原先被指责的地方，却都换上了赞美的标记。

这位画家不受他人的操纵，充满了自信。他自信而不自满，善听意见却不被其所左右，执着但不偏执。

爱迪生曾经尝试用1200种不同的材料作白炽灯泡的灯丝，都没有成功。有人批评他："你已经失败了1200次了。"可是爱迪生不这么认为，他充满自信地说："我的成功就在于发现了1200种材料不适合做灯丝。"

如果我们遇事都能这样考虑问题，采用这种积极的思维方式，哪里还会有烦恼，哪里还会有自卑感？人的自卑感的存在和产生，并不是由于自己在能力或知识上不如人，而是由于自己不如人的心态和感觉。为什么会产生不如人的心态和感觉呢？是因为有些人常常不用自己的"尺度"来判断和评价自己，而喜欢用别人的"标准"来衡量自己。说白了，就是喜欢拿自己与他人相比较，尤其喜欢拿别人的优点长处与自己的缺点和短处相比较。原本这些不一样的东西，是不能进行比较的，越比较，就越自卑。

这些简单、明显的道理，只要你相信它，接受它，你遇事就会掌握正确的思维方式，保持良好的心念，摒弃自卑，找回自信，学会让自己支配自己，由自己去安排自己的生活，由自己去策划自己的人生。

你自信能够成功，成功的可能性就大为增加。你如果自己心里认定会失败，就永远不会成功。没有自信，没有目标，你就会俯仰由人，一事无成。

每个人都会确立一些人生的目标，要实现这些目标，首先你必须相信自己能够做到。千万不要让形形色色的雾迷住了你的眼，不要让雾俘虏你。在实现目标的过程中受到挫折时，请记住，困难都是暂时的，只要充分相信自己，终能等到云开雾散的那一天，而丧失自信心，不仅会带来失败，还常常会酿成人间悲剧。

自信就是自己信得过自己，自己看得起自己。美国作家爱默生说过："自信是成功的第一秘诀"。人们常常把自信比作发挥主观能动性的闸门，启动聪明才智的马达，这是很有道理的。确立自信心，要正确评价自己，发现自己的长处，肯定自己的能力，自信不是孤芳自赏，夜郎自大；更不是得意忘形，毫无根据的自以为是和盲目乐观；而是激励自己奋发进取的一种心理素质，它代表一种高昂的斗志、充沛的干劲、迎接生活挑战的一种乐观情绪，是战胜自己、告别自卑、摆脱烦恼的一种灵丹妙药。

自信心往往有三个方面的表现：

首先是精神外貌上的。不管我们与世俗标准下的所谓成功的典型离得有多远，我们都永远可以持"我是最好的"这种态度，不必显出任何羞愧、尴尬或压抑的样子。

其次是体态语言上。要想真正成为拥有自信的人，你必须在自己的一言一行，一举一动中表现出来。一般来说，表现自信的体态语言总是给人们精力充沛的印象。佝背驼腰、下巴松垂、睡眼惺忪这些形象从来不被认为是有自信心的特征。精力充沛、信心十足的姿态应该是这样的：挺胸收腹、双肩后倾、扬起下巴、面带微笑、眼睛有神、目光直视交往的对方。平时，你要留意自己走路的姿势，在很大程度上，走姿能暴露一个人的精神状态。千万不要漫无目的的四处游荡，而应当步伐坚定有力，大胆地向前迈进。

最后是语态的表现。人们的语态表达是最重要的交流方式，语态表达方式也可以表现出你的个性。表现自信心的语态是：

一、讲话的速度不能太快，否则容易给人留下急躁的印象。

二、讲话的速度也不能过于缓慢，太慢会给听众留下你对希望阐明的观点仍然犹豫不决的印象。

三、含含糊糊的讲话让人一眼就看出你内心的不稳定，应该避免。

四、不要嘀嘀咕咕的讲话，这是一种自我放纵和不成熟的表现。

五、说话的嗓音不能过高或者刺耳，这会给人造成你很单纯的印象。

六、不要用一种傲慢的口气讲话，显得很不自然。

七、讲话时不要气喘吁吁，嗓音不能微弱，不要口齿不清，这些都可以通过训练加以克服。

如果你对体态语言掌握得很好，也要注意与自信心的整体表现相结合，因为这也是成功要素中的重要组成部分。最有效的语态表达应该是自然大方的声音中充满自信和活力。最后一点也很重要，当你讲话时，嘴角要露出微笑。

老实人要勇做生活的攀登者

老实人要想摆脱平平淡淡的生活，要想跳出庸庸碌碌的圈子，就要有胆量，勇敢地面对挑战，做一个生活的攀登者。

在放弃者、半途而废者和攀登者这三种人中，只有攀登者的生活是全面的。半途而废者仅仅达到了基本的物质生活，还处于生活的基层，离全面的生活还很远。但是，攀登者就不一样了，他们对自己要去干的事情具有很深刻的目标意识，并且具有很强的热情。目标和激情无时无刻不引导着他们。他们知道如何体验快乐，并且把攀登看作是生活对他们的礼物和恩赐。攀登者知道山的顶峰不一定有最好的风景。但它具有一种诱人的、神秘的力量，而不是单纯的一个顶峰，并且整个攀登过程也充满了力量。攀登者忘不了那种力量，忘不了整个攀登过程的力量，这是一种超过他们到达目的地的力量。

攀登者明白许多不同的奖赏和收获，但他们注重的是长期的收益，而不是短期收益。他们知道现在每向前跨一小步，向上攀登哪怕一点距离，在日后都会给他们带来很大的收获。这与半途而废者是完全不同的。攀登者把满足放在了将来，而不像半途而废者仅仅对现有满足，并不敢去面对未来的可能性。

攀登者常常有一种强烈的信念，即相信某些事比他们自身更强大，这些更具有力量的事物正是他们想去征服的。当他们面对那些具有压倒一切以及巨大威慑的山峰时，这种信念就会让他们充满巨大的力量，敢于向最大的危险挑战，并且这也是他们希望的事情。也正是这种信念使攀登者敢于做别人不敢做的事，像登山一样，有人已经确定了某些路线是不能走的，但是攀登者并不相信这些，他们偏要从这些路线攀上顶峰，可见，攀登者不仅敢于向可能性挑战，而且更重要的是，他们敢于向不可能性挑战。战胜不可能性，并获得真正的胜利，这是攀登者最大的特点。

像在珠穆朗玛峰上一样，攀登者们都是坚持不懈的、固执的并且也具有极强的体力和恢复能力。他们在进取中不断排除障碍，找寻攀登的道路。如果他们到了一个绝对无法把握的地方或者走到一条死路上，他们的方法很简单，就是原路退回。当他们累了，无法再向前跨上一步，他们仍然给自己施加很大的压力。"放弃"不属于攀登者的词语，他们是离放弃最远的人。他们具有成熟性，以及理解偶尔的后退不过是为了更好地前进这一哲理。他们拥有超人的智慧，当然明白失败是进取的很自然的一部分。攀登者并不是蛮干的，他们那种勇敢的生活无不充满着真正的勇气和科学性。他们是生命的探索者，也是成功者。

当然，攀登者也是人。有些时候，他们也会感到厌倦，甚至担心攀登失败。他们可能会怀疑或者感到孤独、受到伤害。他们对自己的行为提出了疑问，有些怀疑自己的挑战。有时，你会看到他们与半途而废者混在一起。然而他们之间不同的是，攀登者正在积蓄力量，等待重新恢复活力，并将开始新的攀登，而半途而废者是不会再去攀登的，他们希望自己就待在这儿。对攀登者来说营地就只是一个营地，而对半途而废者来说，营地则是温暖的家。

攀登者善于迎接挑战，与他们的生活紧紧相连的是一种紧迫意识。他们自我鼓励，具有很高的精神动力，并且努力奋斗以获得生命的辉煌。可以说，攀登者就是行为的催化剂，他们总是让事情得以发生。

生活中的"攀登者"总具有远见卓识，他们常常能够鼓舞人心。有时，他们也能成为一个好的领导者。甘地——一位印度的精神领袖，他把自己无畏的贡献给了自由与美好生活，正因为这样，他才成为整个国家的领导者。甘地就是一个不懈的攀登者，他的事迹持续不断地鼓舞着这个世界。

美国诺特拉·丹蒙足球队的教练劳·荷尔兹有一段精彩的传奇，他是从来都不能容忍借口和不行动的。荷尔兹在少年时很穷，也很凄惨，并且患有严重的结巴，他非常害怕在公共场所讲话，甚至到了不敢去上口语课的程度。

一天，他找到了给自己确定人生目标的力量（他学会了这种力量），他为自己确定了107个目标，其中包括：与美国总统进餐、漂流沱河、会见波普、跳伞中尽量延长张伞的时间、作诺特·丹蒙队的教练、得年度冠军和锦标赛冠军等等。今天，荷尔兹已经完成了他107项目标中的98项。他获得了声誉，他创造了自己的能力，他可以自由地用语言表达他想要表达的一切，他不断去赢得胜利。最后，他不仅战胜了对自己不利的逆境，还战胜了许多我们认为不可能战胜的东西。

你能听到攀登者像荷尔兹那样说："立即干""做得最好""尽你

全力"　"不退缩"　"我们能产生什么"　"总有办法"　"问题不在于假设，而在于它究竟怎样"　"没做并不意味着不能做"　"让我们干"　"现在就行动"。这些都是攀登者热爱的语言。他们是真正的行动者，他们总是要求行动，追求行动的结果，他们的语言恰恰反映了他们追求的方向。

老实人要敢于冒险

不经过无数次的冒险，人类不可能从茹毛饮血的社会，进化到今天能够坐在中央空调的房子里品尝咖啡的时代。

哥伦布发现新大陆，郑和七下西洋，诺贝尔发明炸药，哥白尼创立天体运动论，这些历史上的著名事件，都开始于冒险。没有冒险精神，人类就没有创造，就没有社会改革。只有带着沉重的风险意识，敢于怀疑并打破过去的秩序，通过冒险而取得胜利后，才能享受到成功的喜悦。

在我们身边，随时随地都要冒险。如果你想骑马赶路，就得抛开可能发生任何意外的想法。但为了赶路，你只有冒险，除非用两脚徒步，否则别无他法。然而走路也有跌伤的时候，或因倦极而倒的情形。有人认为，这种情形只是在马是唯一的交通工具的时代所抱的乐观想法。殊不知，在我们这样发达的社会，出门一步就危机重重。

假如你恐惧于交通事故的频繁，而不敢出门的话，就只有终日沉闷地待在家里了。但是，待在家里，除了有粮食缺乏的危机之外，仍然没有绝对的安全。随着活动方式的增加，危险性也就成比例地产生。这么说来，难道就不能活动了？打破沉闷，寻求新奇刺激，这是现代人的共同呼声。现代人再也不安心过着平平庸庸、千篇一律的生活了，古语"君子不近危处"的说法，完全不再适用于现代社会了。

歌德年轻时希望成为一个世界闻名的画家，为此他一直沉溺于那变幻无穷的世界中而难以自拔。40岁那年，歌德游历意大利，看到了真正的造型艺术杰作后，他终于恍然大悟过来：放弃绘画，转攻文学。经过不断的学习和摸索，歌德日后成为一名伟大的诗人。晚年的歌德在回顾自己的成长过程时，曾现身说法，告诫那些头脑发热的青年：不要盲目相信兴趣。纵观古今中外名人的成才史，似乎大多数人早期的自我设计都带有一定盲目性：马克思曾经想当诗人、鲁迅曾去日本学医、安徒生想当演员、高斯曾想当作家，但他们比常人高明的地方在于：他们能及时地调整自己的方向。

那么怎样识别盲目的自我设计呢？最有效的鉴别方法是：价值。歌德就是意识到十多年的劳动毫无价值才断定自我设计有误的。这需要一个过程，甚至是一个痛苦的、付出了艰辛代价的探索过程。歌德感慨道："要发现自己多不容易，我差不多花了半生光阴。"他又说："这需要高度的神志清醒，它只有通过欢喜和苦痛，才能学会什么应该追求和什么应该避免。"

这里不是堆砌故事，而实在是觉得，在我们身边，确有不少人，他们为偏见与迷信的桎梏束缚着，他们盲目到不知自由，反而说别人不自由。冒险与危机具有深层次的关联。危机就是危险之中蕴藏着机遇。常人的机遇，常人的成功，往往存在于危险之中。你想要美好的机遇吗？你想要事业的成功？那就要敢冒风险，投身危险的境地，去探索、去创造，不要瞻前顾后，不要害怕失败。

冒险，并不一定成功。成功的妈妈便是失败，成功只是无数失败中的分子，不是无数失败中的分母。正常的规律是，无数的失败换来一次成功，无数人的失败换来一人成功。惧怕失败，不冒风险，求稳怕乱、平平稳稳地过一辈子，虽然可靠、平静，虽然生活"比上不足比下有余"，但那是多么的无聊。

冒险失败远胜于安逸平庸。与其平庸地过一辈子，不如轰轰烈烈地干一场。

老实人可以自己完善自己

你或许听过埃米尔·库埃的公式，它在形式上堪称一种理想的公式，符合我们提出的每一项要求："每一天，无论在哪一方面，我都变得越来越完美。"这个公式是正面、渐进、简短而扼要的，而且可以为所有的生活层面带来莫大的利益，如果你能时刻遵循它，它的强烈效果将不断为你带来惊喜。

每天都要面对自己，问自己："我今天该做什么，才能使自己更有价值呢？"不要只看目前的处境，而要看你将来可能的发展。这样自然就会想出一些发挥潜在价值的特殊方法。

任何一个不相信自己，而且未充分发挥自身能力的老实人，都可以说是向自己偷窃的人。要学会接纳自己，认识真正的自己。什么是自我价值？自我价值就是对自我的肯定，对自我的接纳程度和喜欢程度。

为什么要提升自我价值？

老实人胆小、懦弱，害怕被拒绝，缺乏自信和勇气，其中一个主要原因就是自我价值低。

世人给我们的评价，决定于我们给自己的评价。我们应训练有拓展自我的能力，即练习增添自我的价值。

提高自我价值，其核心就是——使自己喜欢自己。不曾拥有，如何付出，一个连自己都不喜欢的人，绝不可能喜欢别人，须知，喜欢自我是迈向成功的第一步。

你不仅要学会提升自我价值，你还要学会给周围的人和事物增值。你可以记住以前我们所讲的房地产的例子。

你也可以在增添自己价值的同时增添别人的价值，问自己要怎么做，才能增添这个房间或这单生意的价值，要找出各种构想来增添事物的价值。任何一种事物（不论是一块空的地皮、一间房屋，或一单生意）的价值，都跟所运用的构想成正比。

当你的成就越来越大，你的工作就转向了。问自己："我要怎么做，才能增加部属的价值，才能帮助他们更有效率呢？"请记住：你要让一个人发挥出他的长处，就要先看出他的长处。

某一家中型印刷公司（拥有60名员工）的退休老板告诉史华兹，他是怎样挑选他的继任者的。

"5年前，"史华兹的朋友开始说，"我聘用哈利来主管会计与例行事务。他当时年仅26岁，是个很好的会计人员，但对印刷业务一窍不通。一年半前我退休时，我们却一致推选他做董事长兼总经理。"

"回想他的过去，他确实拥有一个使他脱颖而出的特色，就是他对整个公司的业务都很热忱积极地参与，而不是单管他的账。当他看到其他同事有需要时，他就会马上前去帮忙。"

"哈利第一年就跟着我工作，有一次他提出一份边际利益的计划，保证可以降低成本，结果真的实现了。"

"此外，他还做了许多事情，不但有助于他的部门，对整个公司也有很大的帮助。他曾经对我们的生产部门做出一次很详细的成本研究，然后提议投资3万元购买新机器，会有更大利润。有一次营业额严重下降，他去对业务经理说：'我并不很了解我们公司的营业情形，但让我试试看是不是能帮上什么忙。'他果真帮上了。哈利真的想出许多很好的主意来提高营业额。"

"他也帮助新员工，使他们能很快地进入状态。他实在是对整个业务都很感兴趣。"

"当我退休时，哈利当然成了最理想的接班人。但是请别误会，他并不刻意在我面前表现；他不是一般好管闲事的人；他不会扯别人后腿；他也不会四处发号命令，而是到处帮助别人。他的表现，就好像公司的每一件事都跟他有关，他把公司的事都当成自己的事。"

我们都能从哈利身上学到有用的一课。那种"我只要把自己的工作做好就够了"的态度是狭隘、消极的想法。那些思想远大的人都把自己看成团队中的一分子，荣辱与共，而不是单独的个体，他们会以各种方式提供各种帮助，并不在意有没有直接或立即的报酬。而那些置身事外的人会说："那跟我无关，让他们自己去想办法吧。"这样的人是不可能爬上高位的。

所以，眼光要远大，要把公司的利益看成自己的利益。可能只有少数人做得到，但这少数做到的人最后都能得到高位、高薪的报酬。

一个有缺点、会改变，但不断成长而且有价值的人，要了解、喜欢自己，认为自己在某方面还不错，并不见得是妄自尊大，我们应对自己的成就感到自豪，更重要的是要乐于做此时此刻独一无二的自己。我们要了解，人类在体力和心智上虽不是生而平等，却生而具有同等的权利去追寻快乐。我们都应相信自己值得领受生命中最美好的一切。大多数功成名就的人，即使在除了一份梦想之外一无所有的时候，仍然相信自己绝非池中之物。适当的自豪是通往成就与幸福的大门，这份特质也许比其他的任何特质都重要。英文"自豪（Pride）"一词有5个字母，每个字母都有它代表的独特意义。

P——代表愉快（Pleasure）。感觉自豪会令人愉快，不论这种快乐的心情是由于圆满地完成任务或只是单纯地喜爱自己，都会让你享受生命的喜悦。

R——代表尊敬（Respect）。感觉自己是一个高尚正直、值得尊敬的人。这种感觉能引发适度而健康的自豪感。

I——代表改善（Improvement）。要记住，没有人是十全十美的，我们必须随时努力完善自己。"自豪"与"傲慢"的区别就在于此。

D——代表尊严（Dignity）。有尊严就表示在内心看重自己。这是深藏心中的自敬自重，不必大声喧嚷。

E——代表努力（Effort）。要对一件事情感到自豪，必须费些心力去做它，有价值的都是不容易得到的。再说，我们不曾花费过多心血的事物，也不值得我们骄傲。自豪是对于自己努力的成果感到愉快。

提高自我价值，增强自信，关键就是个心态问题。因此，最有效的方法是心理暗示，积极的暗示。

因此，经常用自我激发性的话提醒自己，久而久之，便会融入自己的身心，抑制消极心态，保持积极的心态，形成强大的内动力。

你的自我意识掌握着解决你所有问题的答案，它的范围是无限的，你可以多加运用，作为你成功的指引。

一个最著名的普遍性公式之一是由埃米尔·库埃所发明的，他是来自法国西南部的一位药剂师兼心理疗法医师。你或许听过埃米尔·库埃的公式，它在形式上堪称一种理想的公式，符合我们提出的每一项要求："每一天，无论在哪一方面，我都变得越来越完美。"

这个公式是正面、渐进、简短而扼要的，而且可以为所有的生活层面带来莫大的利益，如果你能时刻遵循它，它的强烈效果将不断为你带来惊喜。

老实人要把时间花在"刀刃"上

从小我们就被教会"一寸光阴一寸金，寸金难买寸光阴。"但是，一旦要求你抓紧时间的时候，总是有许多的借口，时间就在借口当中流逝了。人的生命是有限的，古往今来，只有那些善于利用时间、懂得时间的宝贵的人，才能成就一番事业。在我国历史上，引锥刺股的苏秦，以绳悬梁的孙敬，凿壁偷光的匡衡，都是善于利用时间的典范。

匡衡，字稚圭，山东苍山兰陵人，西汉时期有名的经济学家，汉元帝时任丞相。

匡衡少年时，家境极端贫困，靠给财主砍柴割草度日。虽然穷，他却酷爱读书，只要一有机会，他就抱起书简读个不停。紧挨着他家的邻居是个大户，经常大宴宾客。直至深夜，还高朋满座，灯火通明。一天晚上，匡衡想读书，便摸索着找到油灯，但灯油两天前已经用完了，空空如也。他又摸摸口袋，分文全无——就算有，他又怎么舍得拿去买灯油？他还要吃饭啊！无奈，他只得睡觉。突然，他发现大户家纸窗上有个小孔，屋内灯光透孔而出，照在屋外地上，形成一个小亮斑。他灵机一动：如果我在墙壁上凿一个孔，那么隔壁屋里的亮光不就可以照进我屋子里来了吗？借他的亮光读书，既省钱，又可以学到知识，岂不是一举两得？

于是，匡衡悄悄地在墙壁偏僻处挖了一个小洞，黑洞洞的茅屋顿时亮了一些。他高兴得跳了起来，赶紧捧起书简，靠在墙边，对着穿墙而过的一线光亮，一字一句地读了起来。他顾不得白天的劳累，夜晚的疲倦，只要小孔有亮，他就勤读不止。

为了钻研各国历史，匡衡总是把吃饭和睡觉的时间压至最低限度。白天，他埋头读书时，家人喊他吃饭，他也舍不得放下书。别人吃完了，饭菜凉了，他还在孜孜不倦的苦读，根本没有吃饭的意思。晚上，有时从朋友家弄点油，一读就读到夜深人静。

由于生活穷苦，匡衡的藏书寥寥可数。但研究经济和历史又需要掌握大量资料，非多读书不可。为此，他只好去朋友家借书读。一次，一位学者允许匡衡去自己家读书。匡衡一进书房，就被满书架的书籍迷住了。他翻翻这本，看看那本，恨不得一口气把所有藏书读完。为了节省时间，他白天顾不上离开书房吃饭，晚上就睡在书房。一连十多天，他不分昼夜地苦读，直到把自己需要的资料全部读完抄完才离开书房。就这样，匡衡经过多年奋斗，终于成为西汉时期一位才华出众知识渊博的大学者。

时间是挤出来的，还有一个含义，就是要把每一分钟的时间用在"刀刃"上，让每一分钟的时间都变得最有意义，最有价值。

舒伯坦钢铁公司是一家小有名气的公司，但其经营者查理斯先生最近遇到了一些经营上的难题，他的公司业务进展缓慢。正当他愁眉不展的时候，他请来著名的效率专家艾维·利帮助他克服困难。

一开始的时候，查理斯并不完全相信艾维·利能帮助他渡过难关，因为他对于效率的理解并不太深。艾维·利在察看了他的公司以后，给他出了一个主意说：

"请你每天晚上写下你认为明天应该做的最重要的6件事，并且按照它们的重要程度，从最最重要的开始依次排列，并编上序号。第二天早上一上班，你就拿出这张纸条，只看第一条，后面的全部都遮挡起来，然后就马上开始做第一件事，这时候无论遇到别的什么事情打岔都不去管，一直到把这第一件事情做完为止。接着你就看纸条上写的第二件事，同样全力以赴地把第二件事情完成。以此类推，一直到你把纸条上写的6件事情完成为止。如果你这一天只做完了5件事，那也没有关系，因为你一直都在做最重要的事情。"

"如果你感到这个方法很有效，就让你的每一个员工也这样做。"

"半年之后，你可以按照你认为值得的价钱给我寄一张支票。"

半年过去了，艾维·利收到了查理斯寄给他的一张20万美元的支票，因为查理斯利用他教授的方法，大大地提高了公司的效率，也就为公司赢得了时间，这样做的结果就是使舒伯坦钢铁公司变得更具竞争力了。查理斯因此渡过了经营上的难关。

时间就是效率，只有把时间有效地利用起来，才会发现时间也可以变得富裕。

老实人要抢占先机，先下手为强

什么事都能先人一手，以拉开距离，这样就永远处于领先的地位。

鬼谷子说："作战的方法贵在于制人，而不是在受制于人。先制人就把握住了权柄，受制于人的人就会失败丧命。"要想制人，贵在抢得先机。抢先一步，就容易制人；落后一步，就容易受制于人。

楚霸王项羽说："先发就足以制住人，后发受制于人。"要想取得有利的先机，只有在先发中求取。

所以，谋略的要诀，以先下手为首要，也就是古人所说的"制敌机先"的原理。先敌就不会随敌，制敌而不受制于敌，这是一大诀窍。

所以天玄子说："策谋定略，得到天下先机的人取胜，落于天下之后的人失败。先动天下的人取胜，后动天下的人失败。"这是不可改变的原理。

能先天下，就能领导天下；能先敌就能控制敌人。在世界中创大业建大功也是如此，务必处心积虑，抢占众人的先机，而不落于众人之后；务必使人随于我，不足我随于人，这才是大英雄大豪杰的行为。

揭子评论兵家先发制人的有利时，曾经说："兵有先天，有先机，有先手，有先声。军队行动后，就要使敌人的谋略受到压抑，先声夺人。在与敌方竞争时，每次抢先下手。不依薄击硬，而是预先布置好胜谋，以便能得到先机。以无争制止争，以无战消弭战。以先为最，先天的用法又最为重要。"

揭子分析先机有四点，心细如发，而话讲得透彻。不仅用兵是这样，大的方面到治国治天下，小的方面到立身处世，创建事业，都以这个先机作为首要。

揭子又自我解释"先机"说："我所说的先机，就是说什么事都有个先机。治理祸乱，处理危险，能眼高一世，先时悠闲去做，轻轻抹杀，于是避免后来许多麻烦。如同司马光入相，辽人戒除了边疆官吏，李崇请求朝廷改镇为州，边疆的少数民族，就没有称雄割据的情况了。"

这也就同古代先哲所说的"治他于未乱之前，理他在变形之前"，是同等道理。

要想得先制之利，首先得有先知之聪，先见之明。能知人所不能知，见人所不能见，才能谋人所不能谋，做人所不能做。

所说的先天、先机、先手、先声，全都要有先知、先见。先知觉后知，先觉觉后觉。要想领导天下，就必须得具备先知先觉，有先见之明。

这样才能使人永远追随莫及。

什么事都能先人一手、先人一着就能取胜，等他人赶到时，你又前进拉开了距离，这样就永远处于领先的地位。要想永远领先。就得处处争先，永远争先。

先人一手，先人一着，而不停止在这一手，这一着上，即使他人奋起直追，却仍然保持着那段距离，你总是处于领先的地位。

要想抢占敌人前面的先机，首先要明白这个机会，善于寻找这个机会。

古代的圣人说："见机而作，不等待日子完。"又说："机不可失，时不再来。"

古人云："形势的维系处为机，事情的转变处为机，事物的紧切处为机，时节的结合处为机。有目前是机，一瞬间过去不是机；有隙可乘就是机，失去它就没有机。谋划要深远，保密要严格。辨别机在于见识，利用机在于决断。"

又说："首先几句话指点人寻找机遇，次等几句话提醒人抓住机遇，最后几句话叮嘱人利用机遇，这个机就无可隐藏了。"

在谋略上要想寻求先制的机会，运用先的时机，重点在于能随机应变，随机而动。

老子在《道德经》中说："不敢为天下先。"这就是告诉人们，要以静制动，以实制虚。要善于观察天下的变化，静待天下的动，以便抓住机会制住它。

所以老子又说："人们郁争先，唯独我取后。"我以实处，等待着他们动的时机，马上制住他们，这就是后发先至的一招，用无算应付有算的方法。

在这个时机内，既要预料敌方的变化，又要预料友邻的变化；又要策动自己；既要策动敌方，又要防备敌方策划我。

防备于不备，预料于不料，谋划于不谋，才有全胜的机会。不然，就会陷入"自己只想制住敌方的先机，反而被敌方制住了我的先机"的绝境。

这就是老子所说戒先取后的教训。所以，它要求我们能用心去制敌方的虚，用自己的长处去制敌方的短处，并且筹划周全，变化于始终。处处都是我制于先，全天下就会在我的掌握之中了。